U0655683

电网企业员工安全等级培训系列教材

第二版

输电线路

国网浙江省电力有限公司培训中心　组编

中国电力出版社

CHINA ELECTRIC POWER PRESS

内 容 提 要

本书是"电网企业员工安全等级培训系列教材（第二版）"中的《输电线路》分册，全书共七章，包括基本安全要求、保证安全的组织和技术措施、作业安全风险辨识评估与控制、隐患排查治理、生产现场的安全设施、典型违章举例与事故案例分析、班组安全管理等内容，附录中给出了现场作业标准化指导书（卡）范例和现场处置方案范例。

本书是电网企业员工安全等级培训输电线路专业的专用教材，可作为输电线路岗位人员安全培训的辅助教材，宜采用《公共安全知识》分册加本专业分册配套使用的形式开展学习培训。

本书可供从事输电线路相关工作的专业技术人员和新员工安全等级培训使用。

图书在版编目（CIP）数据

输电线路 / 国网浙江省电力有限公司培训中心组编. —2 版. —北京：中国电力出版社，2023.2（2023.10重印）
电网企业员工安全等级培训系列教材
ISBN 978-7-5198-7573-2

Ⅰ. ①输… Ⅱ. ①国… Ⅲ. ①输电线路–技术培训–教材 Ⅳ. ①TM726

中国国家版本馆 CIP 数据核字（2023）第 020476 号

出版发行：中国电力出版社
地　　址：北京市东城区北京站西街 19 号（邮政编码 100005）
网　　址：http://www.cepp.sgcc.com.cn
责任编辑：刘丽平　张冉昕（010-63412364）
责任校对：黄　蓓　朱丽芳
装帧设计：赵姗姗
责任印制：石　雷

印　　刷：廊坊市文峰档案印务有限公司
版　　次：2016 年 6 月第一版　2023 年 2 月第二版
印　　次：2023 年 10 月北京第三次印刷
开　　本：710 毫米×1000 毫米　16 开本
印　　张：9.5
字　　数：153 千字
印　　数：1501—2500 册
定　　价：50.00 元

前　言

　　为贯彻落实国家安全生产法律法规（特别是新《安全生产法》）和国家电网公司关于安全生产的有关规定，适应安全教育培训工作的新形势和新要求，进一步提高电网企业生产岗位人员的安全技术水平，推进生产岗位人员安全等级培训和认证工作，国网浙江省电力有限公司在 2016 年出版的"电网企业员工安全技术等级培训系列教材"的基础上组织修编，形成"电网企业员工安全等级培训系列教材（第二版）"。

　　"电网企业员工安全等级培训系列教材（第二版）"包括《公共安全知识》分册和《变电检修》《电气试验》《变电运维》《输电线路》《输电线路带电作业》《继电保护》《电网调控》《自动化》《电力通信》《配电运检》《电力电缆》《配电带电作业》《电力营销》《变电一次安装》《变电二次安装》《线路架设》等专业分册。《公共安全知识》分册内容包括安全生产法律法规知识、安全生产管理知识、现场作业安全、作业工器（机）具知识、通用安全知识五个部分；各专业分册包括相应专业的基本安全要求、保证安全的组织措施和技术措施、作业项目安全风险管控、隐患排查治理、生产现场的安全设施、典型违章举例与事故案例分析、班组安全管理七个部分。

　　本系列教材为电网企业员工安全等级培训专用教材，也可作为生产岗位人员安全培训辅助教材，宜采用《公共安全知识》分册加专业分册配套使用的形式开展学习培训。

　　鉴于编者水平所限，不足之处在所难免，敬请读者批评指正。

编　者
2023 年 1 月

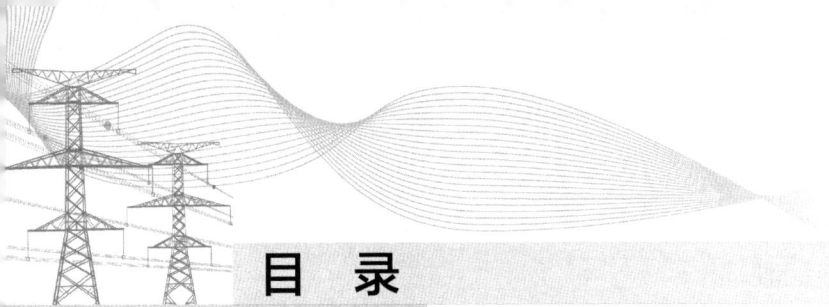

目 录

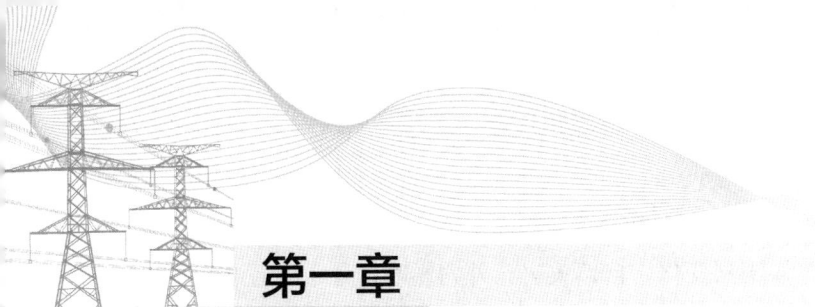

第一章

基 本 安 全 要 求

第一节 一般安全要求

一、输电线路巡视工作

输电线路巡视是为掌握线路的运行状况，及时发现线路本体、附属设施以及线路保护区出现的缺陷或隐患，并为线路检修、维护及状态评估等提供依据，近距离对线路进行观测、检查、记录的工作。

1. 巡视类型

输电线路巡视一般可分正常巡视、故障巡视、特殊巡视。

（1）正常巡视是指线路巡视人员按一定周期对线路所进行的巡视，包括对线路设备（指线路本体和附属设施）和线路保护区（线路通道）进行的巡视。正常巡视包括对线路设备（本体、附属设施）及通道环境的检查，可以按全线或区段进行。巡视周期相对固定，并可动态调整。线路设备与通道环境的巡视可按不同的周期分别进行。

（2）故障巡视是指运维单位为查明线路故障点，故障原因及故障情况等所组织的线路巡视。故障巡视应在线路发生故障后及时进行，巡视人员由运维单位根据需要确定。巡视范围为发生故障的区段或全线。线路发生故障时，应及时组织故障巡视。巡视中巡视责任人应将所分担的巡视区段全部巡完，不得中断或漏巡。发现故障点后及时报告，遇有重大事故应设法保护现场。对引发事故的证物应妥善保管取回，并按照 GB/T 32673—2016《架空输电线路故障巡视导则》要求对故障巡视现场进行详细记录（包括设备、通道环境等图像或视频资料），以便为事故分析提供证据或参考。

（3）特殊巡视是指在特殊情况下或根据特殊需要、采用特殊方法所进行的线路巡视。特殊巡视包括夜间巡视、交叉巡视、登杆塔巡视、防外力破坏巡视等。特殊巡视应在气候剧烈变化、自然灾害、外力影响、异常运行和对电网安全稳定运行有特殊要求时进行。特殊巡视根据需要及时进行，巡视的范围根据情况可为全线、特定区段或个别组件。

保供电工作应根据任务的等级成立保供电领导小组、应急特巡、抢险分队、重要线路巡视及防外力破坏组、应急管理，重大活动期间每天应安排人员定点巡视确保线路 24h 处于可监控范围，发现异常情况随时向相关部门报告。

2. 巡视工作基本要求

（1）对易发生外力破坏、涉鸟故障区、微气象区、不良地质区等特殊区段内的输电线路，应加强巡视，并采取针对性技术措施。

（2）线路的杆塔上必须有线路名称、杆塔编号、相位以及必要的安全、保护等标志，同塔双回、多回线路应有醒目的标志。

（3）运行中应加强对防鸟装置、标志牌、警示牌及有关监测装置等附属设施的维护，确保完好无损。

（4）线路运行维护单位对所管辖输电线路均应按区段指定巡视责任人，同时明确其巡视的范围、周期及线路保护（包括宣传、组织群众护线）等责任。

（5）线路巡视以地面巡视为主要手段，并辅以带电登杆（塔）、空中巡视等。

（6）线路巡视中，如发现危急缺陷或线路遭到外力破坏等情况，应立即采取措施并向上级或有关部门报告，以便尽快予以处理。

（7）对巡视中发现的可疑情况或无法认定的缺陷，应及时上报以便组织复查、处理。

3. 线路、设备巡视要求及内容

（1）线路、设备巡视应沿线路逐基逐档进行，不应出现漏点（段），巡视对象包括线路本体和附属设施。

（2）根据实际需要，对线路上部巡视重点是对导线、绝缘子、金具、附属设施的完好情况进行全面检查。

（3）设备巡视检查的内容可参照表 1–1 执行。

表 1－1   架空输电线路巡视检查主要内容表

巡视对象		检查线路本体和附属设施有无以下缺陷、变化或情况
线路本体	地基与基面	回填土下沉或缺土、水淹、冻胀、堆积杂物等
	杆塔基础	破损、酥松、裂纹、露筋、基础下沉、保护帽破损、边坡保护距离不够等
	杆塔	杆塔倾斜、主材弯曲、塔材缺失、地线支架变形、螺栓松动、丢失，严重锈蚀、脚钉缺失、爬梯变形、土埋塔脚等；混凝土杆未封顶、老化、破损、裂纹、基础上拔等
	接地装置	断裂、严重锈蚀、螺栓松脱、接地带丢失、接地带外露、接地带连接部位有雷电烧痕等
	拉线及基础	拉线金具等被拆卸、拉线棒严重锈蚀或锈损、拉线松动、断股、严重锈蚀、基础回填土下沉或缺土等
	绝缘子	伞裙破损、严重污秽、有放电痕迹、弹簧销缺损、钢帽裂纹、断裂、钢脚严重锈蚀或锈损、防污闪材料涂层厚度不满足规定值、涂层龟裂、起皮和脱落或憎水性丧失等，绝缘子串顺线路方向的偏斜角或最大偏移值超出规定值，直流线路绝缘子锌套锈蚀等
	导线、地线、引流线、屏蔽线、OPGW	散股、断股、损伤、断线、放电烧伤、导线接头部位过热、悬挂漂浮物、弧垂过大或过小、严重锈蚀、有电晕现象、导线缠绕（混线）、覆冰、舞动、风偏过大、对交叉跨越物距离不够等
	线路金具	线夹断裂、裂纹、磨损、销钉脱落或严重锈蚀；大截面导线接续金具变形、膨胀；招弧角、均压环、屏蔽环烧伤、螺栓松动；防振锤位移、脱落、严重锈蚀、阻尼线变形、烧伤；间隔棒松脱、变形或离位；各种联板、连接环、调整板损伤、裂纹等
附属设施	防雷装置	避雷器动作异常、计数器失效、破损、变形、引线松脱；放电间隙变化、烧伤等
	防鸟装置	破损、变形、螺栓松脱、失效、损坏等
	各种监测装置	缺失、损坏、功能失效等
	警告、防护、指示、相位等标识	缺失、损坏、字迹或颜色不清、严重锈蚀等
	航空警示器材	高塔警示灯、跨江线彩球等缺失、损坏、失灵
	防舞防冰装置	缺失、损坏等

4. 通道环境巡视要求及内容

（1）通道环境巡视应对线路通道、周围环境、沿线交跨、施工作业等情况进行检查，及时发现和掌握线路通道环境的动态变化情况。

（2）在确保对线路设备巡视到位的基础上，宜适当增加通道环境巡视次数，根据输电通道性质、地理气象环境条件等实际情况，对通道环境上的各类隐患或危险点安排定点检查。

（3）对交通不便和线路特殊区段可采用空中巡视或安排在线监测装置。

（4）通道环境巡视检查的内容按表1-2执行。

表1-2　　　　　　　架空输电线路通道环境巡视检查主要内容表

巡视对象		检查线路通道环境有无以下缺陷、变化或情况
线路通道环境	基础附近堆土、取土	杆塔基础附近有堆土、取土等安全隐患
	建（构）筑物	有违章建筑，导线与建筑物安全距离不足等；线路通道附近的塑料大棚、彩钢板顶建筑等易发隐患
	树木（竹林）	树木（竹林）与导线安全距离不足等
	施工作业	线路下方或附近有危及线路安全的施工作业，如距线路中心约500m区域内有施工、爆破、开山采石等
	火灾及易燃易爆	线路附近有烧荒等烟火现象，有易燃、易爆物堆积等
	交叉跨越（邻近）	出现新建或改建电力、通信线路、道路、铁路、轨道交通、索道、管道等
	防洪、排水、基础保护设施	坍塌、淤堵、破损等
	自然灾害	地震、洪水、泥石流、山体滑坡等引起通道环境的变化
	道路、桥梁	巡线道、桥梁损坏等
	污染源	新的污染源或污染加重等
	不良地质区	出现滑坡、裂缝、塌陷等情况
	其他	线路附近有人放风筝、有危及线路安全的漂浮物、线路跨越鱼塘边无警示牌、射击打靶、藤蔓类植物攀附杆塔等

二、线路运行和维护工作

1. 线路巡视

（1）巡视人员要求。

1）巡线工作应由有电力线路工作经验的人员担任。单独巡线人员应考试合格并经工区批准。在电缆隧道、偏僻山区和夜间巡线时应由两人进行。

2）汛期、暑天、雪天等恶劣天气巡线，必要时由两人进行。单人巡线时，禁止攀登电杆和铁塔。

3）遇有地震、台风、洪水、泥石流等灾害发生时，禁止巡视灾害现场。

4）灾害发生后，如需要对线路、设备进行巡视，应制订必要的安全措施，得到设备运维管理单位批准，并至少两人一组，巡视人员应与派出部门之间保持通信联络。

（2）巡视安全要求。

1）正常巡视应穿绝缘鞋。

2）雨雪、大风天气或事故巡线，巡视人员应穿绝缘鞋或绝缘靴；汛期、暑天、雪天等恶劣天气和山区巡线应配备必要的防护用具、自救器具和药品；夜间巡线应携带足够的照明工具。

3）夜间巡线应沿线路外侧进行；大风时，巡线应沿线路上风侧前进，以免万一触及断落的导线。

4）特殊巡视应注意选择路线，防止洪水、塌方、恶劣天气等对人的伤害。巡线时禁止泅渡。

5）事故巡线应始终认为线路带电。即使明知该线路已停电，亦应认为线路随时有恢复送电的可能。

6）巡线人员发现导线、电缆断落地面或悬挂空中，应设法防止行人靠近断线地点 8m 以内，以免跨步电压伤人，并迅速报告调控人员和上级，等候处理。

2. 测量工作

（1）测量人员要求。

1）直接接触设备的电气测量工作，至少应由两人进行，一人操作，一人监护。

2）测量人员应熟悉仪表的性能、使用方法和正确接线，掌握测量的安全措施。

（2）测量工作安全要求。

1）夜间进行测量工作，应有足够的照明。

2）杆塔、配电变压器、避雷器的接地电阻测量工作，可以在线路和设备带电的情况下进行。解开或恢复杆塔、配电变压器、避雷器的接地引线时，应戴绝缘手套。禁止直接接触与地断开的接地线。

3）带电线路导线的垂直距离（导线弧度、交叉跨越距离），可用测量仪或使用绝缘测量工具测量。

4）禁止使用皮尺、普通绳索、线尺等非绝缘工具进行测量。

3. 砍剪树木

（1）在线路带电情况下，砍剪靠近线路的树木时，工作负责人应在工作开始前向全体人员说明：电力线路有电，人员、树木、绳索应与导线保持表 1-3 的安全距离。

表 1-3　　　　　　　　邻近或交叉其他电力线工作的安全距离

电压等级（kV）	安全距离（m）	电压等级（kV）	安全距离（m）
交流线路			
10 及以下	1.0	330	5.0
20、35	2.5	500	6.0
66、110	3.0	750	9.0
220	4.0	1000	10.5
直流线路			
±50	3.0	±660	10.0
±400	8.2	±800	11.1
±500	7.8		

（2）砍剪树木时，应防止马蜂等昆虫或动物伤人；上树时，不应攀抓脆弱和枯死的树枝，并使用安全带；安全带不准系在待砍剪树枝的断口附近或以上。不应攀登已经锯过或砍过的未断树木。

（3）砍剪树木应有专人监护。待砍剪的树木下面和倒树范围内不准有人逗留，城区、人口密集区应设置围栏，防止砸伤行人。为防止树木（树枝）倒落在导线上，应设法用绳索将其拉向与导线相反的方向。绳索应有足够的长度和强度，以免拉绳的人员被倒落的树木砸伤。

（4）砍剪山坡树木应做好防止树木向下弹跳接近导线的措施。

（5）树枝接触或接近高压带电导线时，应将高压线路停电或用绝缘工具使树枝远离带电导线至安全距离。此前禁止人体接触树木。

（6）风力超过 5 级时，禁止砍剪高出或接近导线的树木。

（7）使用油锯和电锯的作业应由熟悉机械性能和操作方法的人员操作。使用时，应先检查所能锯到的范围内有无铁钉等金属物件，以防金属物体飞出伤人。

三、线路检修工作

1. 杆塔上作业

（1）攀登杆塔作业前，应先检查根部、基础和拉线是否牢固。新立杆塔在杆基未完全牢固或做好临时拉线前，禁止攀登。遇有冲刷、起土、上拔或导地线、拉线松动的杆塔，应先培土加固，打好临时拉线或支好架杆后，再行登杆。

（2）登杆塔前，应先检查登高工具、设施，如脚扣、升降板、安全带、梯子和脚钉、爬梯、防坠装置等是否完整牢靠。禁止携带器材登杆或在杆塔上移位。禁止利用绳索、拉线上下杆塔或顺杆下滑。攀登有覆冰、积雪的杆塔时，应采取防滑措施。上横担进行工作前，应检查横担连接是否牢固和腐蚀情况，检查时安全带（绳）应系在主杆或牢固的构件上。

（3）作业人员攀登杆塔、杆塔上转位及杆塔上作业时，手扶构件应牢固，不准失去安全保护，并防止安全带从杆顶脱出或被锋利物损坏。

（4）在杆塔上作业时，应使用有后备绳或速差自锁器的双控背带式安全带，当后保护绳超过 3m 时，应使用缓冲器。安全带和保护绳应分挂在杆塔不同部位的牢固构件上。后备保护绳不准对接使用。

（5）杆塔作业应使用工具袋，较大的工具应固定在牢固的构件上，不准随便乱放。上下传递物件应用绳索拴牢传递，禁止上下抛掷。在杆塔上作业，工作点下方应按坠落半径设围栏或其他保护措施。

（6）杆塔上下无法避免垂直交叉作业时，应做好防落物伤人的措施，作业时要相互照应，密切配合。

（7）在杆塔上水平使用梯子时，应使用特制的专用梯子。工作前应将梯子两端与固定物可靠连接，一般应由一人在梯子上工作。

（8）在相分裂导线上工作时，安全带（绳）应挂在同一根子导线上，后备保护绳应挂在整组相导线上。

2. 杆塔施工

（1）立、撤杆作业安全规定。

1）立、撤杆应设专人统一指挥。开工前，要交待施工方法、指挥信号和安全组织、技术措施，作业人员要明确分工、密切配合、服从指挥。在居民区和交通道路附近立、撤杆时，应具备相应的交通组织方案，并设警戒范围或警告标志，必要时派专人看守。

2）立、撤杆应使用合格的起重设备，禁止过载使用。

3）立、撤杆塔过程中基坑内禁止有人工作，除指挥人及指定人员外，其他人员应在处于杆塔高度的 1.2 倍距离以外。

4）利用已有杆塔立、撤杆，应先检查杆塔根部及拉线和杆塔的强度，必要时增设临时拉线或其他补强措施。

5）使用倒落式抱杆立、撤杆时，主牵引绳、尾绳、杆塔中心及抱杆顶应在一条直线上。抱杆下部应固定牢固，抱杆顶部应设临时拉线控制，临时拉线应均匀调节并由有经验的人员控制。抱杆应受力均匀，两侧拉绳应拉好，不准左右倾斜。固定临时拉线时，不准固定在有可能移动的物体上或其他不牢固的物体上。使用固定式抱杆立、撤杆，抱杆基础应平整坚实，缆风绳应分布合理、受力均匀。

6）立、撤杆作业现场，不准利用树木或外露岩石作受力桩。一个锚桩上的临时拉线不准超过两根，临时拉线不准固定在有可能移动或其他不可靠的物体上。临时拉线绑扎工作应由有经验的人员担任。临时拉线应在永久拉线全部安装完毕承力后方可拆除。

7）在带电设备附近进行立撤杆工作，杆塔、拉线与临时拉线应与带电设备保持表1-4规定的安全距离，且有防止立、撤杆过程中拉线跳动和杆塔倾斜接近带电导线的措施。

表1-4 与架空输电线及其他带电体的最小安全距离

电压等级（kV）	<1	1～10	35～66	110	220	330	500
最小安全距离（m）	1.5	3.0	4.0	5.0	6.0	7.0	8.5

8）检修杆塔不准随意拆除受力构件，如需要拆除时，应事先做好补强措施。调整杆塔倾斜、弯曲、拉线受力不均或迈步、转向时，应根据需要设置临时拉线及其调节范围，并应有专人统一指挥。

9）杆塔上有人时，不准调整或拆除拉线。

（2）地面组装作业安全规定。

1）组装场地应平整，障碍物应清除。

2）山地组塔时，塔材不得顺斜坡堆放。

3）选料应由上往下搬动，不得强行抬拉。

4）组装断面宽大的塔身时，在竖立的构件未连接牢固前应采取临时固定措施。

5）山坡上组装塔片，垫高物应稳固，且有防塔片滑动的措施。

6）分片组装铁塔时，带铁应能自由活动，螺帽应出扣；自由端朝上时，应绑扎牢固。

7）严禁将手指伸入螺孔找正。

8）传递小型工具或材料不得抛掷。

（3）杆塔分解组立作业安全规定。

1）杆塔分段吊装时，上下段连接牢固后，方可继续进行吊装工作。分段分片吊装时，应将各主要受力材联结牢固后，方可继续施工。

2）杆塔分解组立时，塔片就位时应先低侧、后高侧。主材和侧面大斜材未全部联结牢固前，不得在吊件上作业。提升抱杆时应逐节提升，禁止提升过高。

3）单面吊装时，抱杆倾斜不宜超过15°；双面吊装时，抱杆两侧的荷重、提升速度及摇臂的变幅角度应基本一致。

4）杆塔施工中不宜用临时拉线过夜；需要过夜时，应对临时拉线采取加固措施。

5）检修杆塔不准随意拆除受力构件，如需要拆除时，应事先做好补强措施。调整杆塔倾斜、弯曲、拉线受力不均或迈步、转向时，应根据需要设置临时拉线及其调节范围，并应有专人统一指挥。

6）钢筋混凝土门型双杆采用单杆起立时，临时拉线的布置不准妨碍另一根杆的起吊，亦不准妨碍高处组装横担。

7）组立220kV及以上杆塔时，不准使用木抱杆。

8）杆塔临时拉线的设置遵守下列规定：① 单杆（塔）不得少于4根，双杆（塔）不得少于6根；② 绑扎工作应由技工担任；③ 一根锚桩上的临时拉线不准超过2根；④ 未绑扎固定前不准登高。

3. 放线、紧线与撤线

（1）放线、紧线与撤线工作均应有专人指挥、统一信号，并做到通信畅通、加强监护。工作前应检查放线、紧线与撤线工具及设备是否良好。

（2）交叉跨越各种线路、铁路、公路、河流等放、撤线时，应先取得主管部门同意，做好安全措施，如搭好可靠的跨越架、封航、封路、在路口设专人持信号旗看守等。

（3）放、紧线前，应检查导线有无障碍物挂住，导线与牵引绳的连接应可靠，线盘架应稳固可靠、转动灵活、制动可靠。放、紧线时，应检查接线管或接线头以及过滑轮、横担、树枝、房屋等处有无卡住现象。如遇导、地线有卡、挂住现象，应松线后处理。处理时操作人员应站在卡线处外侧，采用工具、大绳等撬、拉导线。禁止用手直接拉、推导线。

（4）放线、紧线与撤线工作时，人员不准站在或跨在已受力的牵引绳、导线的内角侧和展放的导、地线圈内以及牵引绳或架空线的垂直下方。防止意外跑线时抽伤。

（5）紧线、撤线前，应检查拉线、桩锚及杆塔。必要时，应加固桩锚或加设临时拉绳。拆除杆上导线前，应先检查杆根，做好防止倒杆措施，在挖坑前应先绑好拉绳。

（6）禁止采用突然剪断导、地线的做法松线。

（7）放、撤线工作中使用的跨越架，应使用坚固无伤、相对较直的木杆、竹竿、金属管等，且应具有能够承受跨越物重量的能力，否则可双杆合并或单杆加密使用。搭设跨越架应在专人监护下进行。

（8）跨越架的中心应在线路中心线上，宽度应超出所施放或拆除线路的两边各 1.5m，架顶两侧装设外伸羊角。跨越架与被跨电力线路应不小于表 1-3 的安全距离，否则应停电搭设。

（9）各类交通道口的跨越架的拉线和路面上部封顶部分，应悬挂醒目的警告标志牌。

（10）跨越架应经验收合格，每次使用前检查合格后方可使用。强风、暴雨过后应对跨越架进行检查，确认合格后方可使用。

（11）借用已有线路做软跨放线时，使用的绳索必须符合承重安全系数要求。跨越带电线路时应使用绝缘绳索。

（12）在交通道口使用软跨时，施工地段两侧应按规定设立交通提示标志，控制绳索人员必须注意交通安全。

（13）在邻近或跨越带电线路采取张力放线时，牵引机、张力机本体、牵引绳、导地线滑车、被跨越电力线路两侧的放线滑车应接地。操作人员应站在干燥的绝缘垫上，并不得与未站在绝缘垫上的人员接触。

（14）雷雨天不准进行放线作业。

（15）在张力放线的全过程中，人员不准在牵引绳、导引绳、导线下方通过或逗留。

（16）放线作业前检查导线与牵引绳连接应可靠牢固。

4. 邻近带电导线的工作

（1）在带电线路杆塔上工作的安全规定。

1）在带电杆塔上进行测量、防腐、巡视检查、紧杆塔螺栓、清除杆塔上异物等工作，作业人员活动范围及其所携带的工具、材料等，与带电导线最小距离不得小于表 1−5 的规定。

2）进行上述工作，应使用绝缘无极绳索，风力应不大于 5 级，并应有专人监护。如不能保持表 1−5 要求的距离时，应按照带电作业工作或停电进行。

3）运行中的高压直流输电系统的直流接地极线路和接地极应视为带电线路。各种工作情况下，邻近运行中的直流接地极线路导线的最小安全距离按 ±50kV 直流电压等级控制。

表 1−5　　　　在带电线路杆塔上工作与带电导线最小安全距离

电压等级（kV）	安全距离（m）	电压等级（kV）	安全距离（m）
交流线路			
10 及以下	0.7	330	4.0
20、35	1.0	500	5.0
66、110	1.5	750	8.0
220	3.0	1000	9.5
直流线路			
±50	1.5	±660	9.0
±500	6.8	±800	10.1
±400	7.2		

（2）邻近或交叉其他电力线路工作的安全规定。

1）停电检修的线路如与另一回带电线路相交叉或接近，以致工作时人员和工器具可能和另一回导线接触或接近至表 1−3 规定的安全距离以内，则另一回线路也应停电并予接地。工作中应采取防止损伤另一回线的措施。

2）邻近带电的电力线路进行工作时，有可能接近带电导线至表 1−3 规定的安全距离以内时，应做到以下要求：① 采取有效措施，使人体、导线、施工机具等与带电导线符合表 1−3 规定的安全距离，牵引绳和拉绳符合表 1−4 规定的安全距离；② 作业的导、地线还应在工作地点接地，绞车等牵引工具应接地。

3）在交叉档内松紧、降低或架设导、地线的工作，只有停电检修线路在带电线路下面时才可进行，应采取防止导、地线产生跳动或过牵引而与带电导线接近至表 1−3 安全距离以内的措施。停电检修的线路如在另一回线路的上面，而又必须在该线路不停电情况下进行放松或架设导、地线以及更换绝缘子等工作时，应采取安全可靠的措施。安全措施应经工作人员充分讨论后，经工区批准执行，措施应能保证：① 检修线路的导、地线牵引绳索等与带电线路的导线应保持表1-3规定的安全距离；② 要有防止导、地线脱落、滑跑的后备保护措施。

4）在变电站、发电厂出入口处或线路中间某一段有两条以上相互靠近的平行或交叉线路时，要求：① 每基杆塔上都应有线路名称、杆号；② 经核对停电检修线路的线路名称、杆号无误，验明线路确已停电并挂好地线后，工作负责人方可宣布开始工作；③ 在该段线路上工作，登杆塔时要核对停电检修线路的线路名称、杆号无误，并设专人监护，以防误登有电线路杆塔。

（3）同杆塔架设多回线路中部分线路停电工作的安全规定。

1）同杆塔架设的多回线路中部分线路停电检修，应在作业人员对带电导线最小距离不小于表1-5规定的安全距离时，才能进行。禁止在有同杆架设的10（20）kV及以下线路带电情况下，进行另一回线路的停电施工作业。

2）遇有5级以上的大风时，禁止在同杆塔多回线路中进行部分线路停电检修工作。

3）工作票签发人和工作负责人对停电检修线路的称号应特别注意正确填写并检查。多回线路中的每回线路（直流线路每极）都应填写双重称号。

4）工作负责人在接受许可开始工作的命令时，应与工作许可人核对停电线路双重称号无误。如不符或有任何疑问时，不准开始工作。

5）为了防止在同杆塔架设多回线路中误登有电线路及直流线路中误登有电极，还应采取以下措施：① 每基杆塔应设识别标记（色标、判别标识等）和线路名称、杆号。② 工作前应发给作业人员相对应线路的识别标记。③ 经核对停电检修线路的识别标记和线路名称、杆号无误，验明线路确已停电并挂好接地线后，工作负责人方可发令开始工作。④ 登杆塔和在杆塔上工作时，每基杆塔都应设专人监护。⑤ 作业人员登杆塔前应核对停电检修线路的识别标记和线路名称、杆号无误后，方可攀登；登杆塔至横担处时，应再次核对停电线路的识别标记与双重称号，确实无误后方可进入停电线路侧横担。

6）在杆塔上进行工作时，不准进入带电侧的横担，或在该侧横担上放置任何物件。

7）绑线要在下面绕成小盘再带上杆塔使用。禁止在杆塔上卷绕或放开绑线。

8）在停电线路一侧吊起或向下放落工具、材料等物体时，应使用绝缘无极绳圈传递，物件与带电导线的安全距离应保持表 1-3 的规定。

9）放线或撤线、紧线时，应采取措施防止导线或架空地线由于摆（跳）动或其他原因而与带电导线接近至危险距离以内。

10）在同杆塔架设的多回线路上，下层线路带电，上层线路停电作业时，不准进行放、撤导线和地线的工作。

11）绞车等牵引工具应接地，放落和架设过程中的导线亦应接地，以防止产生感应电。

（4）邻近高压线路感应电压的防护。

1）在 330kV 及以上电压等级的带电线路杆塔上及变电站构架上作业，应采取防静电感应措施，如穿戴相应电压等级的全套屏蔽服或静电感应防护服和导电鞋等（220kV 线路杆塔上作业时宜穿导电鞋）。

2）在 ±400kV 及以上电压等级的直流线路单极停电侧进行工作时，应穿着全套屏蔽服。

3）带电更换架空地线或架设耦合地线时，应通过金属滑车可靠接地。

4）绝缘架空地线应视为带电体。作业人员与绝缘架空地线之间的距离不应小于 0.4m（1000kV 为 0.6m）。如需在绝缘架空地线上作业时，应用接地线或个人保安线将其可靠接地或采用等电位方式进行。

5）用绝缘绳索传递大件金属物品（包括工具、材料等）时，杆塔或地面上作业人员应将金属物品接地后再接触，以防电击。

四、一般安全措施

1. 一般注意事项

（1）所有升降口、大小孔洞、楼梯和平台，应装设不低于 1050mm 高的栏杆和不低于 100mm 高的护板。如在检修期间需将栏杆拆除时，应装设临时遮栏，并在检修结束时将栏杆立即装回。临时遮栏应由上、下两道横杆及栏杆柱组成。上杆离地高度为 1050~1200mm，下杆离地高度为 500~600mm，并在栏杆下边设置严密固定的高度不低于 180mm 的挡脚板。原有高度 1000mm 的栏杆可不作改动。

（2）电缆线路，在进入电缆工井、控制柜、开关柜等处的电缆孔洞，应用防火材料严密封闭。

（3）在带电设备周围禁止使用钢卷尺、皮卷尺和线尺（夹有金属丝者）进行测量工作。

（4）在变、配电站（开关站）的带电区域内或临近带电线路处，禁止使用金属梯子。

2. 设备维护安全注意事项

（1）机器的转动部分应装有防护罩或其他防护设备（如栅栏），露出的轴端应设有护盖，以防绞卷衣服。禁止在机器转动时，从联轴器（靠背轮）和齿轮上取下防护罩或其他防护设备。

（2）杆塔等固定爬梯，应牢固可靠。高百米以上的爬梯，中间必须设有休息的平台，并应定期进行检查和维护。上爬梯应逐档检查爬梯是否牢固，上下爬梯应抓牢，两手不准抓同一个梯档。垂直爬梯宜设置人员上下作业的防坠安全自锁装置或速差自控器，并制定相应的使用管理规定。

3. 一般电气安全注意事项

（1）所有电气设备的金属外壳均应有良好的接地装置。使用中不准将接地装置拆除或对其进行任何工作。

（2）手持电动工器具如有绝缘损坏、电源线护套破裂、保护线脱落、插头插座裂开或有损于安全的机械损伤等故障时，应立即进行修理，在未修复前，不准继续使用。

（3）遇有电气设备着火时，应立即将有关设备的电源切断。然后进行救火。消防器材的配备、使用、维护，消防通道的配置等应遵守《电力设备典型消防规程》（DL 5027—2015）的规定。

（4）工作场所的照明，应该保证足够的亮度，夜间作业应有充足的照明。

（5）检修动力电源箱的支路开关都应加装剩余电流动作保护器（漏电保护器）并应定期检查和试验。

五、施工（检修）作业安全用电

（1）工地和材料站的施工用电应按已批准的施工技术措施进行布设，并按当地供电部门的规定提出用电申请。

（2）施工用电设施的安装、维护，应由取得合格证的电工担任，禁止私拉乱接。

（3）低压施工用电线路的架设应遵守下列规定：

1）采用绝缘导线；

2）架设可靠，绝缘良好；

3）架设高度不低于 2.5m，交通要道及车辆通行处不低于 5m。

（4）开关负荷侧的首端处必须安装漏电保护装置。

（5）熔丝的规格应按设备容量选用，且不准用其他金属线代替。

（6）熔丝熔断后，必须查明原因、排除故障后方可更换；更换好熔丝、装好保护罩后方可送电。

（7）电气设备及电动工具的使用遵守下列规定：

1）不准超铭牌使用；

2）外壳必须接地或接零；

3）禁止将电线直接钩挂在隔离开关上或直接插入插座内使用；

4）禁止一个开关或一个插座接两台及以上电气设备或电动工具；

5）移动式电气设备或电动工具应使用软橡胶电缆，电缆不得破损、漏电；手持部位绝缘良好；

6）不准用软橡胶电缆电源线拖拉或移动电动工具；

7）禁止用湿手接触电源开关；

8）工作中断必须切断电源。

（8）在光线不足及夜间工作的场所，应设足够的照明；主要通道上应装设路灯。

（9）照明灯的开关必须控制相线；使用螺丝口灯头时，中性线应接在灯头的螺丝口上。

（10）电气设备及照明设备拆除后，不准留有可能带电的部分。

（11）危险品仓库的照明应使用防爆型灯具，开关必须装在室外。

第二节　线路预防性试验作业安全要求

线路设备预防性试验主要有带电检测零值绝缘子、接地测量作业、交叉跨越测量作业、红外测温作业及杆塔倾斜测量作业。

一、带电检测零值绝缘子作业

输电线路常用的带电检测零值绝缘子作业方法有火花间隙法、分布电压法两种。

1. 危险点分析预控

带电检测零值绝缘子作业危险点及预控措施见表 1－6。

表 1－6　　　　带电检测零值绝缘子作业危险点及预控措施

序号	危险点	控制及防范措施
1	误登杆塔	登塔前必须仔细核对线路双重命名、杆塔号，确认无误后方可上塔
2	触电伤害	杆塔上作业人员及所携带的工器具与带电体间要保持 1.0m（110kV）或 1.8m（220kV）的安全距离。绝缘操作杆的有效距离 1.3m（110kV）或 2.1m（220kV）
3	高处坠落	登塔时应手抓主材，不得抓脚钉，混凝土电杆登杆前，对脚扣、登高板冲击试验。杆塔有防坠装置的，应使用防坠装置，上、下塔及杆塔上转位过程中，双手不得持带任何工具物品等，工作过程中应正确使用安全带。杆塔上作业时，不得失去安全带的保护
4	其他	根据现场实际情况，补充必要的危险点分析和预控内容

2. 安全措施

（1）作业应在良好天气下进行，遇雷、雨、雪、雾、风力大于五级及空气相对湿度大于 80%时，不得进行带电检测零值绝缘子作业。

（2）在塔上作业过程中如遇设备突然停电，作业人员应视设备仍然带电。

（3）杆塔上作业，人身与带电体的安全距离不得小于 1.0m（110kV）或 1.8m（220kV）；绝缘操作杆有效绝缘长度不得小于 1.3m（110kV）或 2.1m（220kV）。

（4）所有工器具必须经测试合格后方可使用。

（5）作业前需告知调控人员："××工作负责人带领工作班在××线路上进行检测零值绝缘子工作，遇线路跳闸，未经联系，不得强送。"

（6）检测前，应对电压分布仪检测器进行检验。

（7）检测中，同一串绝缘子中必须保证良好绝缘子片数为 5 片（110kV）或 9 片（220kV），发现良好绝缘子片数不足时，禁止继续对该串绝缘子的检测。

3. 安全注意事项

（1）核对线路双重命名、杆塔。

（2）检查工器具是否完备和登塔人员精神状况是否良好。

（3）对安全用具及专用工具进行外观检查。安全用具、工器具外观检查合格无损伤、变形、失灵现象。

（4）对绝缘工具进行绝缘电阻检测。绝缘工具使用前应用 2500V 绝缘电阻表或绝缘检测仪进行分段绝缘检测（电极宽 2cm，极间宽 2cm），电阻值应不低于 700MΩ；操作绝缘工具时应戴清洁干燥的手套。

（5）登杆塔前，对脚扣、登高板、安全带进行冲击试验。

（6）正确佩带个人安全用具，杆塔有防坠装置的，应使用防坠装置，登塔及杆塔上转移过程中，双手不得持带任何工具物品等。杆塔上人员，必须使用安全带，在杆塔上作业时，不得失去安全带保护。

（7）绝缘子测试时应从导线侧开始，逐片向横担侧方向检测绝缘子串。

（8）绝缘架空地线应视为带电体，塔上工作人员严禁越位到地线横担上。

（9）工作中严格监护。

二、接地电阻测量作业

1. 危险点分析预控

接地电阻测量作业危险点及预控措施见表 1-7。

表 1-7　　　　　　　　　接地电阻测量作业危险点及预控措施

序号	危险点	控制及防范措施
1	触电伤害	解开或恢复杆塔接地线时，应戴绝缘手套。严禁接触与大地断开的接地线或塔身
2	其他	根据现场实际情况，补充必要的危险点分析和预控内容

2. 安全措施

严格执行 Q/GDW 1799.2《国家电网公司电力安全工作规程　线路部分》（下称《线路安规》）的有关规定；现场人员必须戴好安全帽；测量接地电阻应在晴天或天气较干燥的气候下进行，雷雨天不得进行测量，雨后不宜进行测量。

3. 安全注意事项

解开或恢复杆塔接地引线时，应戴绝缘手套。测量接地电阻时，接地引线必须与杆塔处于断开状态。

三、红外测温作业

1. 危险点分析预控

红外测温作业危险点及预控措施见表1-8。

表1-8　　　　　　　　红外测温作业危险点及预控措施

序号	危险点	控制及防范措施
1	环境意外伤害	巡线时应穿绝缘鞋或绝缘靴，雨、雪天路滑，慢慢行走，过沟、崖和墙时防止摔伤，不走险路。防止动物伤害，做好安全措施
2	触电伤害	测温工作至少应由2人进行，1人操作、1人监护，监护人不得做其他工作。利用仪器测量时禁止攀登杆塔，与带电体必须保持相应足够的安全距离并有人监护
3	红外线伤害	测温时，避免红外线对眼睛造成伤害
4	其他	根据现场实际情况，补充必要的危险点分析和预控内容

2. 安全注意事项

（1）工作前，工作负责人检查作业票或任务单所列安全措施是否正确完备，并予以补充；工作负责人应召集工作成员进行"三交三查"，即交待工作任务、作业风险和安全措施，检查个人工器具、个人劳动防护用品和人员精神状况。

（2）全体工作成员明确工作任务、安全措施和危险点后在工作任务单上签字。

四、交叉跨越测量作业

输电线路交叉跨越或对地高度测量可采用经纬仪、绝缘测高绳（测高杆、测高仪等进行测量。

1. 危险点分析预控

交叉跨越测量作业危险点及预控措施见表1-9。

表1-9　　　　　　　　交叉跨越测量作业危险点及预控措施

序号	危险点	控制及防范措施
1	环境意外伤害	巡线时应穿绝缘鞋或绝缘靴，雨、雪天路滑，慢慢行走，过沟、崖和墙时防止摔伤，不走险路。防止动物伤害，做好安全措施
2	高处坠落	登高作业要抓稳踏牢，安全带系固牢靠

序号	危险点	控制及防范措施
3	触电伤害	电气测量工作至少应由 2 人进行，1 人操作、1 人监护，监护人不得做其他工作。在线路带电的条件下，测量导线的垂直距离、线距、交叉距离等工作，采用抛挂绝缘绳（立绝缘测高杆）的方法测量时，绝缘绳（绝缘测高杆）必须经试验合格，上杆塔抛挂绝缘绳时，人身与带电体应保持相应的足够安全距离，要戴好安全帽，系好安全带，并有专人监护。绝缘绳（绝缘测高杆）必须保持干燥清洁，禁止在大雾天、阴雨天气或空气湿度大于 80%时测量。严禁使用皮尺、普通绳索、线尺等非绝缘工具进行测量。利用仪器测量时，塔尺与带电体必须保持相应的足够安全距离并有专人监护
4	物体打击	重锤绑扎牢固，抛掷严防砸伤工作人员或线路设备
5	其他	根据现场实际情况，补充必要的危险点分析和预控内容

2. 安全注意事项

（1）工作前，工作负责人检查作业票或任务单所列安全措施是否正确完备，并予以补充；工作负责人应召集工作成员进行"三交三查"，包括交待工作任务、安全措施、进行危险点告知，检查人员状况和工作准备。

（2）全体工作成员明确工作任务、安全措施和危险点后在工作任务单及工作票上签字。

五、杆塔倾斜测量作业

1. 危险点分析预控

杆塔倾斜测量作业危险点及预控措施见表 1 - 10。

表 1 - 10　　杆塔倾斜测量作业危险点及预控措施

序号	危险点	控制及防范措施
1	触电伤害	电气测量工作至少应由 2 人进行，1 人操作、1 人监护，监护人不得做其他工作；在线路带电的条件下，上杆拉尺，人身与带电体应保持相应的足够安全距离，戴好安全帽、系好安全带，并有专人监护
2	其他	根据现场实际情况，补充必要的危险点分析和预控内容

2. 安全注意事项

（1）工作前，工作负责人应召集工作成员进行"三交三查"，包括交待工作任务、安全措施、进行危险点告知，检查人员状况和工作准备。

（2）全体工作成员明确工作任务、安全措施和危险点后在工作任务单上签字。

第三节 常用安全工器具使用要求

一、总体要求

（1）使用单位每年至少应组织一次安全工器具使用方法培训，新进员工上岗前应进行安全工器具使用方法培训；新型安全工器具使用前应组织针对性培训。

（2）电力工器具的使用应符合《线路安规》规定和产品使用要求。

（3）工器具使用前应进行外观、试验时间有效性等检查。

（4）绝缘安全工器具使用前、后应擦拭干净。

（5）对工器具的机械、绝缘性能不能确定时，应进行试验，合格后方可使用。

二、梯子

1. 使用要求

（1）梯子应能承受工作人员携带工具、材料攀登时的总重量。

（2）硬质梯子的横档应嵌在支柱上，梯阶的距离不应大于 40cm，并在距梯顶 1m 处设限高标志。使用单梯工作时，梯与地面的斜角度为 60°左右。梯子不宜绑接或垫高使用。

（3）梯子应放置稳固，梯脚要有防滑装置。使用前，应先进行试登，确认可靠后方可使用。

（4）有人员在梯子上工作时禁止移动梯子，梯子应有人扶持和监护。禁止上下抛递工具、材料。

（5）人字梯应具有坚固的铰链和限制开度的拉链。

（6）靠在管子上、导线上使用梯子时，其上端需用挂钩挂住或用绳索绑牢。

（7）使用软梯、挂梯作业或用梯头进行移动作业时，软梯、挂梯或梯头上只准一人工作。工作人员到达梯头上进行工作和梯头开始移动前，应将梯头的封口可靠封闭，否则应使用保护绳防止梯头脱钩。

（8）上下梯时不能手持重物；不能两人或两人以上同时在一个梯子上工作。

（9）绳梯的吊点应固定在牢固的承载物上，注意防火、防磨。

（10）绳梯的安全系数不得小于10，每半年应进行一次荷重试验。

（11）在杆塔上水平使用梯子时，应使用特制的专用梯子，工作前应将梯子两端与固定物可靠连接，一般应由一人在梯子上工作。

2. 绝缘硬梯检查及试验

（1）名称、电压等级、商标、型号、制造日期及制造厂名等标志清晰完整。

（2）各部件完整，无气泡、皱纹、开裂或损伤，玻璃纤维布与树脂间黏接完好不得开胶，杆段间连接牢固无松动，整梯无松散。

（3）金属连接件无目测可见的变形，防护层完整，活动部件灵活。

（4）升降梯升降灵活，锁紧装置可靠。

（5）机械试验及静负荷试验各部件不发生永久变形和损伤、配套机构完好有效者为合格。

3. 绝缘软梯检查及试验

（1）绝缘软梯标识清晰，整体应保持干燥、洁净、无破损缺陷。

（2）边绳及环形绳直径应不小于10mm。环形绳与边绳的包箍连接点应平服、牢固扣紧，外径不小于10mm，绳扣接头应紧密匀称，长度不小于240mm。

（3）横蹬的环氧酚醛层压玻璃布管，应平整、光滑、外表面涂有绝缘漆，不得有横向滑移的现象。

（4）金属心形环表面光洁，无毛刺、疤痕、切纹等缺陷。边缘呈圆弧状，表面镀锌层良好，无目测可见的锈蚀，镶嵌在绳索套扣内应紧密无松动。

（5）软梯头表面应光滑，无尖边、毛刺、缺口、裂纹、锈蚀等缺陷。各部件连接应紧密牢固，整体性好，软梯头滚轮与轴应润滑、可靠。

（6）软梯抗拉性能试验、软梯头静负荷和动负荷试验，动负荷试验应在2.0kN下操作3次，各部件无变形、无损伤为合格。

4. 便携式梯子检查及试验

（1）型号或名称及额定载荷、梯子长度、最高站立平面高度、制造者或销售者名称（或标识）、制造年月、执行标准及基本危险警示标志应清晰明显。

（2）踏棍（板）与梯梁连接应牢固，整梯无松散，各部件无变形，梯脚防滑良好，梯子竖立后平稳，无目测可见的侧向倾斜。

（3）升降梯升降灵活，锁紧装置可靠。铝合金折梯铰链牢固，开闭灵活，无松动。

（4）折梯限制开度装置完整牢固。延伸式梯子操作用绳无断股、打结等现象，升降灵活，锁位准确可靠。

（5）静负荷试验载荷为1765N，时间为5min，其余要求与绝缘硬梯静负荷试验相同。

三、防坠自锁器

1. 使用要求

（1）自锁器应安全可靠、轻便耐用，在薄冰、油、水、沙尘等条件下能有效锁止。自锁器宜采用卡扣式或杠杆式。

（2）自锁器在正常条件下应滑动自如，转向器转动灵活，连接件、导轨安装牢固，导轨末端封头分固定封头或活动封头。

（3）自锁器导轨安装点、连接处应牢固可靠，发现问题应及时紧固并恢复；导轨外观无锈蚀，如有锈蚀应予以修复处理。

（4）发生过坠落冲击的自锁器及附件应报废，禁止再次使用。经坠落冲击后，冲击部位的导轨及连接件应更换。

2. 检查及试验

（1）防坠器本体及配件应无目测可见的凹凸痕迹；本体为金属材料时，所有铆接面应平整、无毛刺和裂纹，金属表面镀层应均匀、光亮，不允许有起皮、变色等缺陷；本体为工程塑料时，表面应无气泡、开裂等缺陷。

（2）防坠器应有明显的安装标志，各部件完整无缺、无伤残破损。

（3）防坠器钢丝绳中各钢丝均应绞合紧密，不得有叠痕、突起、折断、压伤及错乱交叉的钢丝。

（4）每年应对自锁器至少进行一次例行检验（自锁器配合导轨进行锁止试验，锁止静荷载取 7.5kN），锁定可靠不滑移，且无肉眼可见变形为合格；使用前应对自锁器进行安全检查。

（5）自锁器的安全绳长度不应大于 0.5m。锁止距离应不超过 0.2m。

四、缓冲器

（1）佩戴时活动卡子要系紧，不得在 120℃以上的高温处使用，每天在使用时，先做好外观的检查，发现破损立即停止使用。

（2）安全绳应该高挂使用，防止摆动碰撞，不准将绳打结使用，应挂在连接环或 8 字环上使用。

（3）应该经常保洁，不准接触明火、酸或与锋利物品碰撞，不准放在阳光下暴晒。

五、速差自控器

速差自控器是一种装有一定长度绳索的器件，作业时可不受限制地拉出绳索，坠落时，因速度变化可将拉出绳索的长度锁定。

1. 使用要求

（1）将速差自控器上端悬挂在作业点上方，将自控器内绳索和安全带上半圆环连接，可任意将绳索拉出，在一定位置作业。

（2）工作完毕后，人向上移动，绳索自行收回自控器，坠落时自控器受速度影响制动控制。

2. 检查及试验

冲击试验一年一次。试验方法及要求采用自由落体荷载 980N 模拟人，拉出绳长 0.8m，使安全带与模拟人处同一水平位置，模拟人坠落下滑距离不超过 1.2m。

六、绝缘绳

1. 使用要求

（1）标志清晰，每股绝缘绳索及每股线均应紧密绞合，不得有松散、分股的现象。

（2）绳索各股及各股中丝线均不应有叠痕、凸起、压伤、背股、抽筋等缺陷，不得有错乱、交叉的丝、线、股。

（3）接头应单根丝线连接，不允许有股接头。单丝接头应封闭于绳股内部，不得露在外面。

（4）经防潮处理后的绝缘绳索表面应无油渍、污迹、脱皮等。

（5）人身绝缘保险绳、导线绝缘保险绳、消弧绳、绝缘测距绳以及绳套等绝缘绳索类工具均应满足各自的功能规定和工艺要求。

2. 检查及试验

（1）绝缘绳工频干闪试验，绳索无击穿、无闪络及无明显发热。

（2）静拉力试验无变形、无损伤。

七、导电鞋

导电鞋是由特种性能橡胶制成的，在 220～500kV 带电杆塔上及 330～500kV 带电设备区非带电作业时为防止静电感应电压所穿用的鞋子。

1．使用检查及保管

（1）导电鞋鞋底及表面无腐蚀、磨损、剥离、折断、橡胶硬化、发胀变形等现象。

（2）穿用导电鞋不应同时穿绝缘的毛料厚袜及绝缘的鞋垫。

（3）避免与油、酸、碱类或其他腐蚀性物品接触。

（4）应存放在干燥通风的仓库中，防止霉变；堆放离开地面、墙壁 0.2m以上，离开一切发热体 1m 以外。

（5）穿用导电鞋不超过 200h，超过 200h 应进行直流电阻测试一次。

（6）使用导电鞋的场所应是导电地面。

2．试验标准

导电鞋的试验项目是直流电阻试验，要求电阻值应小于 100kΩ。

第四节　常用施工机具安全使用要求

一、一般规定

（1）施工机具应统一编号、专人保管。入库、出库、使用前应进行检查。禁止使用损坏、变形、有故障等不合格的施工机具。机具的各种监测仪表以及制动器、限位器、安全阀、闭锁机构等安全装置应齐全、完好。

（2）自制或改装和主要部件更换或检修后的机具，应按《架空输电线路施工机具基本技术要求》（DL/T 875—2016）的规定进行试验，经鉴定合格后方可使用。

（3）机具应由了解其性能并熟悉使用知识的人员操作和使用。机具应按出厂说明书和铭牌的规定使用，不得超负荷使用。

（4）起重机械的操作和维护应遵守《起重机械安全规程》（GB 6067）的规定。

二、绳索

1．纤维绳

（1）使用要求：

1）麻绳、纤维绳用作吊绳时，其许用应力不准大于 0.98kN/cm^2。用作绑扎绳时，许用应力应降低 50%。有霉烂、腐蚀、损伤者不准用于起重作业，纤维绳出现松股、散股、严重磨损、断股者禁止使用。

2）纤维绳在潮湿状态下的允许荷重应减少 50%，涂沥青的纤维绳应降低 20%使用。一般纤维绳禁止在机械驱动的情况下使用。

3）切断绳索时，应先将预定切断的两边用软钢丝扎结，以免切断后绳索松散，断头应编结处理。

（2）检查及试验：

1）绳子光滑、干燥、无磨损现象；

2）以 2 倍允许工作荷重进行 10min 的静力试验，不应有断裂和显著的局部延伸现象；

3）每月检查一次，每年试验一次。

2.钢丝绳

（1）使用要求：

1）钢丝绳应按出厂技术数据使用。无技术数据时，应进行单丝破断力试验。

2）钢丝绳应按其力学性能选用，并应配备一定的安全系数。钢丝绳的安全系数及配合滑轮的直径应不小于表 1－11 的规定。

表 1－11　　　　　　　　钢丝绳的安全系数及配合滑轮的直径

钢丝绳的用途			滑轮直径 D	安全系数
缆风绳及拖拉绳			≥12d	3.5
驱动方式	人力		≥16d	4.5
	机械	轻级	≥16d	5
		中级	≥18d	5.5
		重级	≥20d	6
千斤绳	有绕曲		≥2d	6～8
	无绕曲			5～7
地锚绳				5～6
捆绑绳				10
载人升降机			≥40d	14

注　d 为钢丝绳直径。

3）钢丝绳应定期浸油，遇有下列情况之一者应予报废：

① 钢丝绳在一个节距中有表 1－12 内的断丝根数者；② 钢丝绳的钢丝磨

损或腐蚀达到钢丝绳实际直径比其公称直径减少 7%或更多者，或钢丝绳受过严重退火或局部电弧烧伤者；③ 绳芯损坏或绳股挤出；④ 笼状畸形、严重扭结或弯折；⑤ 钢丝绳压扁变形及表面起毛刺严重者；⑥ 钢丝绳断丝数量不多，但断丝增加很快者。

表 1－12　　　　　　　　　钢 丝 绳 断 丝 根 数

安全系数	钢丝绳结构							
	6×19+1		6×37+1		6×61+1		18×19+1	
	一个节距中的断丝数（根）							
	交互捻	同向捻	交互捻	同向捻	交互捻	同向捻	交互捻	同向捻
小于 6	12	6	22	11	36	18	36	18
6～7	14	7	26	13	38	19	38	19
大于 7	16	8	30	15	40	20	40	20

注　一个节距是指每股钢丝绳缠绕一周的轴向距离。

4）钢丝绳端部用绳卡固定连接时，绳卡压板应在钢丝绳主要受力的一边，不能正反交叉设置；绳卡间距不应小于钢丝绳直径的 6 倍；绳卡数量应符合表 1－13 的规定。

表 1－13　　　　　　　　钢丝绳端部固定用绳卡数量

钢丝绳直径（mm）	7～18	19～27	28～37	38～45
绳卡数量（个）	3	4	5	6

5）插接的环绳或绳套，其插接长度应不小于钢丝绳直径的 15 倍，且不准小于 300mm。新插接的钢丝绳套应作 125%允许负荷的抽样试验。

6）通过滑轮及卷筒的钢丝绳不准有接头。滑轮、卷筒的槽底或细腰部直径与钢丝绳直径之比应遵守下列规定：

起重滑车：机械驱动时不应小于 11，人力驱动时不应小于 10；

绞磨卷筒：不应小于 10。

（2）检查及试验：

1）绳扣可靠，无松动现象；

2）钢丝绳无严重磨损现象；

3）钢丝绳断丝根数在规程规定限度以内；

4）以 2 倍允许工作荷重进行 10min 的静力试验，不应有断裂和显著的局部延伸现象；

5）每月检查一次（非常用的钢丝绳在使用前应进行检查），每年试验一次。

三、滑车及滑车组

1. 使用要求

（1）滑车及滑车组使用前应进行检查，发现有裂纹、轮沿破损等情况者，不准使用。滑车组使用中，两滑车滑轮中心间的最小距离不准小于表 1-14 的要求。

表 1-14　　　　　　　滑车组两滑车滑轮中心最小允许距离

滑车起重量（t）	1	5	10～20	32～50
滑轮中心最小允许距离（mm）	700	900	1000	1200

（2）滑车不准拴挂在不牢固的结构物上。线路作业中使用的滑车应有防止脱钩的保险装置，否则必须采取封口措施。使用开门滑车时，应将开门勾环扣紧，防止绳索自动跑出。

（3）拴挂固定滑车的桩或锚，应按土质不同情况加以计算，使之埋设牢固可靠。如使用的滑车可能着地，则应在滑车底下垫以木板，防止垃圾窜入滑车。

2. 检查及试验

（1）滑轮吊杆（板）无磨损现象，开口销完整。

（2）吊钩无裂纹、变形，绳光滑无任何裂纹现象。

（3）润滑油充分。

（4）新安装或大修后，以 1.25 倍允许工作荷重进行 10min 的静力试验后，以 1.1 倍允许工作荷重作动力试验，不应有断裂、显著局部延伸现象。

（5）一般的定期试验，以 1.1 倍允许工作荷重进行 10min 的静力试验。

（6）每月检查一次，每年试验一次。

四、链条葫芦

1. 使用要求

（1）使用前应检查吊钩、链条、转动装置及刹车装置是否良好。吊钩、链轮、倒卡等有变型时，以及链条直径磨损达 10%时，禁止使用。

（2）两台及两台以上链条葫芦起吊同一重物时，重物的重量应不大于每台链条葫芦的允许起重量。

（3）起重链不得打扭，亦不得拆成单股使用。

（4）不得超负荷使用，起重能力在 5t 以下的允许 1 人拉链，起重能力在 5t 以上的允许两人拉链，不得随意增加人数猛拉。操作时，人员不准站在链条葫芦的正下方。

（5）吊起的重物如需在空中停留较长时间，应将手拉链拴在起重链上，并在重物上加设保险绳。

（6）在使用中如发生卡链情况，应将重物垫好后方可进行检修。

（7）悬挂链条葫芦的架梁或建筑物，应经过计算，否则不得悬挂。

（8）禁止用链条葫芦长时间悬吊重物。

2. 检查及试验

（1）葫芦滑轮完整灵活、无磨损现象，开口销完整。

（2）吊钩无裂纹、变形，绳光滑无任何裂纹现象。

（3）链节无严重锈蚀，无磨损、无裂纹。

（4）链条以 2 倍允许工作荷重进行 10min 的静力试验后，链条不应有断裂、显著的局部延伸及个别链节拉长现象。

（5）新安装或大修后，以 1.25 倍允许工作荷重进行 10min 的静力试验后，以 1.1 倍允许工作荷重作动力试验，不应有断裂、显著局部延伸现象。

（6）一般的定期试验以 1.1 倍允许工作荷重进行 10min 的静力试验。

（7）每月检查一次，每年试验一次。

五、合成纤维吊装带

1. 使用要求

（1）合成纤维吊装带应按出厂数据使用，无数据时禁止使用。使用中应避免与尖锐棱角接触，如无法避免应加装必要的护套。

（2）使用环境温度：−40～100℃。

（3）吊装带用于不同承重方式时，应严格按照标签给予的定值使用。

（4）如发现外部护套破损显露出内芯时，应立即停止使用。

2. 检查及试验

（1）吊装带外部护套无破损。内芯无断裂。

（2）以 2 倍允许工作荷重进行 12min 的静力试验后，不应有断裂现象。

（3）每月检查一次，每年试验一次。

六、联结网套

1. 使用要求

导线穿入连接网套应到位，网套夹持导线的长度不准少于导线直径的 30 倍。网套末端应以铁丝绑扎不少于 20 圈。

2. 检查及试验

（1）规格型号等标识清晰，压接管至网套过渡部分的钢丝应用薄壁金属管保护。

（2）钢丝网及牵引环钢丝应柔软，装卸方便，钢丝无断股、弯折、锈蚀等现象。

（3）将安装好的网套及导线组合体连接至拉力试验机，匀速增加拉力至 1.25 倍额定载荷，保持 10min，网套与导线间无滑移。卸载后，网套应无破损。

七、卸扣

1. 使用要求

（1）卸扣应是锻造的。卸扣不准横向受力。

（2）卸扣的销子不准扣在活动性较大的索具内。

（3）不准使卸扣处于吊件的转角处。

2. 检查及试验

（1）丝扣良好，表面无裂纹。

（2）以 2 倍允许工作荷重进行 10min 的静力试验。

（3）每月检查一次，每年试验一次。

八、双钩紧线器和卡线器

1. 使用要求

（1）双钩紧线器应经常润滑保养。换向爪失灵、螺杆无保险螺丝、表面裂纹或变形等禁止使用。紧线器受力后应至少保留 1/5 有效丝杆长度。

（2）卡线器规格、材质应与线材的规格、材质相匹配。卡线器有裂纹、弯曲、转轴不灵活或钳口斜纹磨平等缺陷时应予报废。

2. 检查及试验

（1）无裂纹或显著变形、严重腐蚀、磨损现象。

（2）转动部分灵活、无卡涩现象。

（3）以 1.25 倍允许工作荷重进行 10min 的静力试验，用放大镜或其他方法检查，不应有残余变化、裂纹及裂口。

（4）半年检查一次，每年试验一次。

九、棘轮紧线器

1. 使用要求

（1）制造厂及商标、型号及出厂编号、额定负荷、规格型号等标识清晰。

（2）部件完整，无裂纹、变形和损伤；钢丝绳应符合其外观检查的要求，吊钩磨损不超过原截面的 10%，开口度不超过 15%，扭转变形不超过 10°。

（3）换向爪及自锁装置完好有效，轴承转动灵活，保险可靠。

（4）操作时，操作人员不得站在棘轮紧线器正下方。

2. 检查及试验

静负荷试验卸载后，紧线器任何部件不应有残余变形、裂纹及裂口，钢丝绳应无新增断丝、局部变形等现象，轴承处转动灵活，无卡阻。

十、抱杆

1. 使用要求

（1）选用抱杆应经过计算或负荷校核。独立抱杆至少应有 4 根拉绳，人字抱杆至少应有 2 根拉绳并有限制腿部开度的控制绳，所有拉绳均应固定在牢固的地锚上，必要时经校验合格。

（2）抱杆的基础应平整坚实、不积水。在土质疏松的地方，抱杆脚应用垫木垫牢。

（3）抱杆有下列情况之一者禁止使用。

1）圆木抱杆：木质腐朽、损伤严重或弯曲过大。

2）金属抱杆：整体弯曲超过杆长的 1/600。局部弯曲严重、磕瘪变形、表面严重腐蚀、缺少构件或螺栓、裂纹或脱焊。

3）抱杆脱帽环表面有裂纹或螺纹变形。

（4）抱杆的金属结构、连接板、抱杆头部和回转部分等，应每年对其变形、腐蚀、铆、焊或螺栓连接进行一次全面检查。每次使用前，也应进行检查。

（5）缆风绳与抱杆顶部及地锚的连接应牢固可靠。缆风绳与地面的夹角一般不大于 45º。缆风绳与架空输电线及其他带电体的安全距离应不小于表 1－5 的规定。

2. 检查及试验

（1）金属抱杆无弯曲变形、焊口无开焊、无严重腐蚀。

（2）抱杆帽无裂纹、变形。

（3）以 1.25 倍允许工作荷重进行 10min 的静力试验。

3. 外拉线抱杆组立铁塔的安全规定

（1）升降抱杆必须有统一指挥，信号畅通，四侧临时拉线应由技工操作并均匀放出。

（2）抱杆垂直下方不准有人；塔上人员应站在塔身内侧的安全位置上。

（3）抱杆根部与塔身绑扎牢固，抱杆倾斜角不宜超过 15°。

（4）起吊和就位过程中，吊件外侧应设控制绳。

4. 悬浮内（外）拉线抱杆组立铁塔的安全规定

（1）提升抱杆应设置两道腰环；采用单腰环时，抱杆顶部应设临时拉线控制。

（2）内拉线抱杆的拉线应绑扎在塔身节点下方，承托绳应绑扎在节点上方，且紧靠节点处。

（3）起吊过程中腰环不得受力，塔片控制绳应随起吊件上升位置，适当放出。

（4）双面吊装时，两侧荷重、提升速度及摇臂的变幅角度应基本一致。

5. 座地式摇臂抱杆组立铁塔的安全规定

（1）抱杆组装应正直，连接螺栓的规格必须符合规定，并应全部拧紧。

（2）抱杆应坐落在坚实稳固平整的地基上，软弱地基应采取措施。

（3）提升抱杆不得少于两道腰环，腰环固定钢丝绳应呈水平并收紧。

（4）用两台绞磨时，提升速度应一致。

（5）每提升一次，抱杆倒装一段，不得连装两段。

（6）抱杆升降过程中，杆段上不得有人。

（7）抱杆吊臂上设保险钢丝绳；停工或过夜时，吊臂应放平。

（8）吊装时，抱杆应有专人监视和调整。

（9）两侧同时起吊时，其起吊荷重、摇臂变幅角度、塔片控制绳角度、提升速度应基本一致。

6. 人字倒落式抱杆起立杆塔的安全规定

（1）两根抱杆的根部应保持在同一水平面上，并用钢丝绳相互连接牢固。

（2）抱杆支立在松软土质处时，其根部应有防沉措施。

（3）抱杆支立在坚硬或冰雪冻结的地面上时，其根部应有防滑措施。

（4）抱杆受力后发生不均匀沉陷时，应及时进行调整。

（5）起立抱杆用的制动绳锚在杆塔身上时，应在杆塔刚离地时拆除。

（6）抱杆脱帽绳应穿过脱帽环由专人控制其脱落。

十一、地锚

（1）分布和埋设深度，应根据其作用和现场的土质设置。

（2）弯曲和变形严重的钢质锚禁止使用。

（3）木质锚桩应使用木质较硬的木料，有严重损伤、纵向裂纹和出现横向裂纹时禁止使用。

（4）地锚的分布及埋设深度应根据地锚的受力情况及土质情况确定。地锚坑在引出线露出地面的位置，其前面及两侧的 2m 范围内不准有沟、洞、地下管道或地下电缆等。地锚埋设后应进行详细检查，试吊时应指定专人看守。

十二、绞磨和卷扬机

1. 使用要求

（1）绞磨应放置平稳，锚固应可靠，受力前方不准有人。锚固绳应有防滑动措施。在必要时宜搭设防护工作棚，操作位置应有良好的视野。

（2）牵引绳应从卷筒下方卷入，排列整齐，并与卷筒垂直，在卷筒上不准少于 5 圈（卷扬机：不准少于 3 圈）。钢绞线不准进入卷筒。导向滑车应对正卷筒中心。滑车与卷筒的距离：光面卷筒不应小于卷筒长度的 20 倍，有槽卷筒不应小于卷筒长度的 15 倍。

（3）作业前应进行检查和试车，确认卷扬机设置稳固，防护设施、电气绝缘、离合器、制动装置、保险棘轮、导向滑轮、索具等合格后方可使用。

（4）拉磨尾绳不应少于 2 人，应站在锚桩后面，且不准在绳圈内。绞磨受力时，不准用松尾绳的方法卸荷。

（5）作业时禁止向滑轮上套钢丝绳，禁止在卷筒、滑轮附近用手扶运行中的钢丝绳，不准跨越行走中的钢丝绳，不准在各导向滑轮的内侧逗留或通过。吊起的重物必须在空中短时间停留时，应用棘爪锁住。

2. 拖拉机绞磨的使用规定

（1）卷筒必须与牵引绳垂直。

（2）拖拉机绞磨两轮胎应在同一水平面上，前后支架应受力平衡。绞磨卷筒应与牵引绳的最近转向点保持 5m 以上的距离。

3. 卷扬机的使用规定

（1）牵引绳在卷筒上应排列整齐，从卷筒下方卷入，余留圈数不得少于 3 圈。

（2）卷扬机未完全停稳时不得换档或改变转动方向。

（3）不准在转动的卷筒上调整牵引绳位置。

（4）导向滑车应对正卷筒中心。滑车与卷筒的距离：光面卷筒不应小于卷筒长度的 20 倍，有槽卷筒不应小于卷筒长度的 15 倍。

（5）必须有可靠的接地装置。

4. 检查及试验

（1）在空载情况下，运转机动绞磨，正反转、各种转速下运转时间总和不得低于 30min。

（2）经大修或改装的绞磨，在使用前应进行 1.25 倍额定负荷的静负荷试验，试验后，各部位不得有裂纹、永久变形及其他异常现象，制动后无明显滑移。

十三、流动式起重机

1. 使用要求

（1）在带电设备区域内使用汽车吊、斗臂车时，车身应使用截面积不小于 16mm^2 的软铜线可靠接地。在道路上施工应设围栏，并设置适当的警示标志。

（2）起重机停放或行驶时，其车轮、支腿或履带的前端或外侧与沟、坑边缘的距离不准小于沟、坑深度的 1.2 倍；否则应采取防倾、防坍塌措施。

（3）作业时，起重机应置于平坦、坚实的地面上，机身倾斜度不得超过制造厂的规定。不得在暗沟、地下管线等上面作业；不能避免时，应采取防护措施，不得超过暗沟、地下管线允许的承载力。

（4）作业时，起重机臂架、吊具、辅具、钢丝绳及吊物等与架空输电线及其他带电体的最小安全距离不准小于表 1-4 的规定，且应设专人监护。

（5）长期或频繁地靠近架空线路或其他带电体在作业时，应采取隔离防护措施。

（6）汽车起重机行驶时，应将臂杆放在支架上，吊钩挂在挂钩上并将钢丝绳收紧。车上操作室禁止坐人。

（7）汽车起重机及轮胎式起重机作业前应先支好全部支腿后方可进行其他操作；作业完毕后，应先将臂杆完全收回并放在支架上，然后方可起腿。汽车式起重机除设计有吊物行走性能者外，均不准吊物行走。

2. 检查及试验

（1）汽车吊试验应遵守《起重机　试验规范和程序》（GB/T 5905—2011）的规定。

（2）高空作业车（包括绝缘型高空作业车、车载垂直升降机）应按《高空作业车》（GB/T 9465—2018）的规定进行试验、维护与保养。

第五节　现场标准化作业指导书（卡）的编制与应用

编制和执行现场标准化作业指导书是实现现场标准化作业的具体形式和方法，作业指导书是对每一项作业按照全过程控制的要求，对作业计划、准备、实施、总结等各个环节，明确具体操作的方法、步骤、措施、标准和人员责任，依据工作流程组合成的执行文件。

标准化作业指导书（卡）突出安全和质量两条主线，对现场作业活动的全过程进行细化、量化、标准化，保证作业过程安全和质量处于可控、在控状态，达到事前管理、过程控制的要求和预控目标。

实行现场标准化作业指导书，重点解决现场作业危险点分析不全面，控制措施落实不到位、工作随意等问题，进一步规范人的作业行为，保证作业全过程的安全、质量。

一、现场标准化作业指导书（卡）的编制原则和依据

1. 编制原则

按照电力安全生产有关法律法规、技术标准、规程规定的要求和国家电网公司相关规定，作业指导书的编制应遵循以下原则：

（1）坚持"安全第一、预防为主、综合治理"的方针，体现凡事有人负责、凡事有章可循、凡事有据可查、凡事有人监督。

（2）符合安全生产法规、规定、标准、规程的要求，具有实用性和可操作性。概念清楚、表达准确、文字简练、格式统一，且含义具有唯一性。

（3）现场作业指导书的编制应依据生产计划和现场作业对象的实际，进行危险点分析，制定相应的防范措施。体现对现场作业的全过程控制，体现对设备及人员行为的全过程管理。

（4）现场作业指导书应在作业前编制，注重策划和设计，量化、细化、标准化每项作业内容。集中体现工作（作业）要求具体化、工作人员明确化、工作责任直接化、工作过程程序化，做到作业有程序、安全有措施、质量有标准、考核有依据，并起到优化作业方案，提高工作效率、降低生产成本的作用。

（5）现场作业指导书应以人为本，贯彻安全生产健康环境质量管理体系（SHEQ）的要求，应规定保证本项作业安全和质量的技术措施、组织措施、工序及验收内容。

（6）现场作业指导应结合现场实际由专业技术人员编写，由相应的主管部门审批，编写、审核、批准和执行应签字齐全。

2. 编制依据

（1）安全生产法律、法规、规程、标准及设备说明书。

（2）缺陷管理、反措要求、技术监督等企业管理规定和文件。

二、输电线路标准化作业指导书的编写要求与内容

1. 编写要求

（1）作业指导书应正确完整，确保技术先进可靠和良好的可操作性。主体部分为作业顺序（流程图）、作业步骤（操作过程和方法）及安全、项目、工艺要求及质量标准等相关要求。

（2）作业指导书应明确该项作业所形成的结果（质量）记录。

（3）结构严谨，层次清晰、编号正确，语言应准确、清楚、简洁，避免模棱两可的措辞。

此外，涉及安全、卫生、环境保护和技术方面的要求时，应明确具体的技术指标，且能检验、测量或验证。

2．编写内容

（1）目的。

（2）范围。

（3）规范性引用文件。

（4）支持文件。

（5）包装定义，作用，功能和分类（方法在作业步骤中会有详细的图文说明）。

（6）安全及预控措施。

（7）部门定义。

（8）工作中心的作业周期。

（9）设备及主要参数。

（10）作业准备。

（11）工作流程（流程图，操作过程，方法，常见问题和解决方法）及各个工作中心的操作标准、安全、项目、工艺要求及质量标准等。

（12）作业后的验收、交接、保存。

现场标准化作业指导书范例见附录 A。

三、现场标准化作业指导书现场执行卡的编制

根据《国家电网公司现场标准化作业指导书编制导则（试行）》（国家电网生〔2004〕503 号），按照简化、优化、实用化的要求，现场标准化作业根据不同的作业类型，采用风险控制卡、工序质量控制卡，重大检修项目应编制施工方案。风险控制卡、工序质量控制卡统称为现场执行卡。

现场执行卡的编写和使用应遵守以下原则：

（1）符合安全生产法规、规定、标准、规程的要求，具有实用性和可操作性。内容应简单、明了、无歧义。

（2）应针对现场和作业对象的实际，进行危险点分析，制定相应的防范措施，体现对现场作业的全过程控制，对设备及人员行为实现全过程管理，不能简单照搬照抄范本。

（3）现场执行卡的使用应体现差异化，根据作业负责人技能等级区别使用不同级别的现场执行卡。

（4）应重点突出现场安全管理，强化作业中工艺流程的关键步骤。

（5）原则上，凡使用工作票的停电检修作业，应同时对应每份工作票编写

和使用一份现场执行卡。对于部分作业指导书包含的复杂作业，也可根据现场实际需要对应一份或多份现场执行卡。

（6）涉及多专业的作业，各有关专业要分别编制和使用各自专业的现场执行卡，现场执行卡在作业程序上应能实现相互之间的有机结合。

（7）各类现场作业指导书应有编号，且具有唯一性和可追溯性。

输电线路现场执行卡采用分级编制的原则，根据工作负责人的技能水平和工作经验使用不同等级的现场执行卡。设定工作负责人等级区分办法，根据各工作负责人的技能等级和工作经验及能力综合评定，并每年审核下发负责人等级名单。工作负责人应依据单位认定的技能等级采用相应的现场执行卡。

四、现场标准化作业指导书（现场执行卡）的应用

现场标准化作业对列入生产计划的各类现场作业均必须使用经过批准的现场标准化作业指导书（现场执行卡）。各单位在遵循现场标准化作业基本原则的基础上，根据实际情况对作业指导书（现场执行卡）的使用作出明确规定，并可以采用必要的方便现场作业的措施。

（1）作业指导书（现场执行卡）在使用前必须进行专题学习和培训，保证作业人员熟练掌握作业程序和各项安全、质量要求。

（2）在现场作业实施过程中，工作负责人对作业指导书（现场执行卡）按作业程序的正确执行负全面责任。工作负责人应亲自或指定专人按现场执行步骤填写、逐项打勾和签名，不得跳项和漏项，并做好相关记录。有关人员也必须履行签字手续。

（3）依据作业指导书（现场执行卡）进行工作过程中，如发现与现场实际、相关图纸及有关规定不符等情况时，应由工作负责人根据现场实际情况及时修改作业指导书（现场执行卡），并经作业指导书（现场执行卡）审批人同意后，方可继续按作业指导书（现场执行卡）进行作业。作业结束后，作业指导书（现场执行卡）审批人应履行补签字手续。

（4）依据作业指导书（现场执行卡）进行工作过程中，如发现设备存在事先未发现的缺陷和异常，应立即汇报工作负责人，并进行详细分析，制定处理意见，并经作业指导书（现场执行卡）审批人同意后，方可进行下一项工作。设备缺陷或异常情况及处理结果，应详细记录在作业指导书（现场执行卡）中。作业结束后，作业指导书（现场执行卡）审批人应履行补签字手续。

（5）作业完成后，工作负责人应对作业指导书（现场执行卡）的应用情况作出评估，明确修改意见并在作业完工后及时反馈作业指导书（现场执行卡）编制人。

（6）事故抢修、紧急缺陷处理等突发临时性工作，应尽量使用作业指导书（现场执行卡）。在条件不允许的情况下，可不使用作业指导书（现场执行卡），但要按照标准化作业的要求，在工作开始前进行危险点分析并采取相应安全措施。

（7）对大型、复杂、不常进行、危险性较大的作业，应编制风险控制卡、工序质量控制卡和施工方案，并同时使用作业指导书。

对危险性相对较小的作业，规模一般的作业，单一设备的简单和常规作业，作业人员较熟悉的作业，应在对作业指导书进行充分熟悉的基础上，编制和使用现场执行卡。

五、现场标准化作业指导书（现场执行卡）的管理

现场标准化作业应按分层管理原则对现场标准化作业指导书（现场执行卡）明确归口管理部门。各单位应明确作业指导书（现场执行卡）管理的负责人、专责人，负责现场标准化作业的严格执行。

（1）作业指导书一经批准，不得随意更改。如因现场作业环境发生变化、指导书与实际不符等情况需要更改时，必须立即修订并履行相应的批准手续后才能继续执行。

（2）执行过的作业指导书（现场执行卡）应经评估、签字、主管部门审核后存档。检修作业指导书保存不少于一个检修周期。

（3）作业指导书实施动态管理，应及时进行检查总结、补充完善。作业人员应及时填写使用评估报告，对指导书的针对性、可操作性进行评价，提出改进意见，并结合实际进行修改。工作负责人和归口管理部门应对作业指导书的执行情况进行监督检查，并定期对作业指导书及其执行情况进行评估，将评估结果及时反馈给编写人员，以指导日后的编写。

（4）对于未使用作业指导书进行的事故抢修、紧急缺陷处理等突发临时性工作，应在工作完成后，及时补充编写针对性作业指导书，用于今后类似工作。

（5）积极探索，采用现代化的管理手段，开发现场标准化作业管理软件，逐步实现现场标准化作业信息网络化。

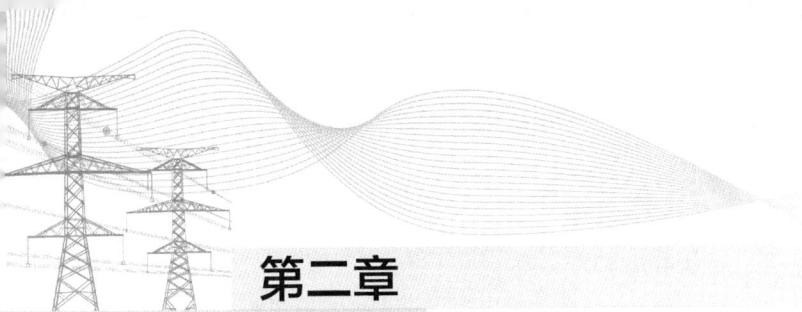

第二章

保证安全的组织和技术措施

第一节　保证安全的组织措施

在电力线路上工作，保证安全的组织措施包括现场勘察制度、工作票制度、工作许可制度、工作监护制度、工作间断制度、工作终结和恢复送电制度。

一、现场勘察制度

（1）进行电力线路施工作业、工作票签发人或工作负责人认为有必要现场勘察的检修作业，施工、检修单位均应根据工作任务组织现场勘察，并填写现场勘察记录。现场勘察由工作票签发人或工作负责人组织进行。

（2）现场勘察应查看现场施工（检修）作业需要停电的范围、保留的带电部位和作业现场的条件、环境及其他危险点等。根据现场勘察结果，对危险性、复杂性和困难程度较大的作业项目，应编制组织措施、技术措施、安全措施，经本单位批准后执行。

二、工作票制度

工作票制度是保证安全的组织措施的核心，工作票是许可在电力线路上工作的书面命令，是明确有关人员的安全责任、实施保证安全的技术措施、履行工作许可、工作间断和办理工作终结手续等组织措施的书面凭证。

在电力线路上的工作，应按填用电力线路第一种工作票、填用电力电缆第一种工作票、填用电力线路第二种工作票、填用电力电缆第二种工作票、填用电力线路带电作业工作票、填用电力线路事故紧急抢修单、口头或电话命令等7种方式进行。

1. 工作票的适用范围

（1）填用第一种工作票的工作为：

1）在停电的线路或同杆（塔）架设多回线路中的部分停电线路上的工作；

2）高压电力电缆需停电的工作；

3）在直流线路停电时的工作；

4）在直流接地极线路或接地极上的工作；

5）在停电的配电设备上的工作。

（2）填用第二种工作票的工作为：

1）带电线路杆塔上且与带电导线最小安全距离不小于表1-5规定的工作；

2）电力电缆不需停电的工作；

3）直流线路上不需要停电的工作；

4）直流接地极线路上不需要停电的工作；

5）在运行中的配电设备上的工作。

（3）填用带电作业工作票的工作为：带电作业或与邻近带电设备距离小于表1-5、大于表2-1规定的工作。

表2-1　　　　　　　带电作业时人身与带电体的安全距离

电压等级（kV）	10	35	66	110	220	330	500	750	1000	±400	±500	±660	±800
距离（m）	0.4	0.6	0.7	1.0	1.8 (1.6)	2.6	3.4 (3.2)	5.2 (5.6)	6.8 (6.0)	3.8	3.4	4.5	6.8

（4）填用事故紧急抢修单的工作为：

1）事故紧急抢修应使用工作票或事故紧急抢修单。非连续进行的事故修复工作，应使用工作票。

2）事故紧急抢修工作是指电气设备发生故障被迫紧急停止运行，需短时间内恢复的抢修和排除故障的工作。

（5）按口头或电话命令执行的工作为：

1）测量接地电阻；

2）修剪树枝；

3）杆塔底部和基础等地面检查、消缺工作；

4）涂写杆塔号、安装标志牌等，工作地点在杆塔最下层导线以下，并能够保持表 1－3 安全距离的工作。

2．工作票的填写与签发

（1）工作票应用黑色或蓝色的钢笔（水）笔或圆珠笔填写与签发，一式两份，内容正确，填写清晰，不得任意涂改。如有个别错、漏字需要修改时，应使用规范的符号，字迹清楚。

（2）用计算机生成或打印的工作票应使用统一的票面格式。由工作票签发人审核无误，手工或电子签名后方可执行。

工作票一份交工作负责人，一份留存工作票签发人或工作许可人处。工作票应提前交给工作负责人。

（3）一张工作票中，工作票签发人和工作许可人不得兼任工作负责人。

（4）工作票由工作负责人填写，也可由工作票签发人填写。

（5）工作票由设备运维管理单位签发，也可由经设备运维管理单位审核合格且经批准的检修及基建单位签发。检修及基建单位的工作票签发人、工作负责人名单应事先送有关设备运维管理单位、调度控制中心（调控中心）备案。

（6）承发包工程中，工作票可实行"双签发"形式。签发工作票时，双方工作票签发人在工作票上分别签名，各自承担《线路安规》中工作票签发人相应的安全责任。

3．工作票的使用

（1）第一种工作票，每张只能用于一条线路或同一个电气连接部位的几条供电线路或同（联）杆塔架设且同时停送电的几条线路。第二种工作票，对同一电压等级、同类型工作，可在数条线路上共用一张工作票。带电作业工作票，对同一电压等级、同类型、相同安全措施且依次进行的带电作业，可在数条线路上共用一张工作票。

在工作期间，工作票应始终保留在工作负责人手中。

（2）一个工作负责人不能同时执行多张工作票。若一张工作票下设多个小组工作，每个小组应指定小组负责人（监护人），并使用工作任务单。

工作任务单一式两份，由工作票签发人或工作负责人签发，一份工作负责人留存，一份交小组负责人执行。工作任务单由工作负责人许可。工作结束后，由小组负责人交回工作任务单，向工作负责人办理工作结束手续。

（3）一回线路检修（施工），其邻近或交叉的其他电力线路需进行配合停电和接地时，应在工作票中列入相应的安全措施。若配合停电线路属于其他单位，应由检修（施工）单位事先书面申请，经配合线路的设备运维管理单位同意并实施停电、接地。

（4）一条线路分区段工作，若填用一张工作票，经工作票签发人同意，在线路检修状态下，由工作班自行装设的接地线等安全措施可分段执行。工作票中应填写清楚应使用的接地线编号、装拆时间、位置等随工作区段转移情况。

（5）持线路或电缆工作票进入变电站或发电厂升压站进行架空线路、电缆等工作，应增填工作票份数，由变电站或发电厂工作许可人许可并留存。

上述单位的工作票签发人和工作负责人名单应事先送有关运维管理单位备案。

4. 工作票的有效期与延期

（1）第一、二种工作票和带电作业工作票的有效时间，以批准的检修期为限。

（2）第一种工作票需办理延期手续，应在有效时间尚未结束以前由工作负责人向工作许可人提出申请，经同意后给予办理。

第二种工作票需办理延期手续，应在有效时间尚未结束以前由工作负责人向工作票签发人提出申请，经同意后给予办理。第一、第二种工作票的延期只能办理一次。带电作业工作票不准延期。

5. 工作票所列人员的基本条件

（1）工作票签发人应由熟悉人员技术水平、熟悉设备情况、熟悉《线路安规》，并具有相关工作经验的生产领导人、技术人员或经本单位批准的人员担任。工作票签发人名单应公布。

（2）工作负责人（监护人）、工作许可人应有一定工作经验、熟悉《线路安规》、熟悉工作范围内的设备情况，并经工区（车间，下同）批准的人员担任。工作负责人还应熟悉工作班成员的工作能力。

用户变、配电站的工作许可人应是持有效证书的高压电气工作人员。

（3）专责监护人应是具有相关工作经验、熟悉设备情况和《线路安规》的人员。

6. 工作票所列人员的安全责任

（1）工作票签发人。

1）确认工作必要性和安全性。

2）确认工作票上所填安全措施是否正确完备。

3）确认所派工作负责人和工作班人员是否适当和充足。

（2）工作负责人（监护人）。

1）正确组织工作。

2）检查工作票所列安全措施是否正确完备，是否符合现场实际条件，必要时予以补充完善。

3）工作前，对工作班成员进行工作任务、安全措施、技术措施交底和危险点告知，并确认每个工作班成员都已签名。

4）组织执行工作票所列安全措施。

5）监督工作班成员遵守《线路安规》、正确使用劳动防护用品和安全工器具以及执行现场安全措施。

6）关注工作班成员身体状态和精神状态是否出现异常迹象，人员变动是否合适。

（3）工作许可人。

1）审票时，确认工作票所列安全措施是否正确完备，对工作票所列内容发生疑问时，应向工作票签发人询问清楚，必要时予以补充。

2）保证其负责的停、送电和许可工作的命令正确。

3）确认由其负责的安全措施正确实施。

（4）专责监护人。

1）明确被监护人员和监护范围。

2）工作前，对被监护人员交待监护范围内的安全措施、告知危险点和安全注意事项。

3）监督被监护人员遵守《线路安规》和执行现场安全措施，及时纠正被监护人员的不安全行为。

（5）工作班成员。

1）熟悉工作内容、工作流程，掌握安全措施，明确工作中的危险点，并在工作票上履行交底确认手续。

2）服从工作负责人（监护人）、专职监护人的指挥，严格遵守《线路安规》和劳动纪律，在确定的工作范围内工作，对自己在工作中的行为负责，互相关心工作安全。

3）正确使用施工机具、安全工器具和劳动防护用品。

三、工作许可制度

工作许可制度是指工作许可人负责审查工作票所列安全措施是否正确完备、是否符合现场条件，在负责完成施工现场的安全措施后，会同工作负责人到工作现场所作的一系列证明、交待、提醒和签字，而准许检修工作开始的过程。因此，工作许可制度是规范审查工作任务必要性，保障停送电及许可命令正确和安全措施落实的规定。

（1）填用第一种工作票进行工作，工作负责人应得到全部工作许可人的许可后，方可开始工作。

（2）线路停电检修，工作许可人应在线路可能受电的各方面（含变电站、发电厂、环网线路、分支线路、用户线路和配合停电的线路）都已停电，并挂好接地线后，方能发出许可工作的命令。

值班调控人员或运维人员在向工作负责人发出许可工作的命令前，应将工作班组名称、数目、工作负责人姓名、工作地点和工作任务做好记录。

（3）许可开始工作的命令，应通知工作负责人。方法可采用当面通知、电话下达、派人送达等。电话下达时，工作许可人及工作负责人应记录清楚明确，并复诵核对无误。对直接在现场许可的停电工作，工作许可人和工作负责人应在工作票上记录许可时间，并签名。

（4）若停电线路作业还涉及其他单位配合停电的线路时，工作负责人应在得到指定的配合停电设备运维管理单位联系人通知这些线路已停电和接地，并履行工作许可书面手续后，才可开始工作。

（5）禁止约时停、送电。约时停电是指不履行工作许可手续，工作人员按预先约定的停电时间进行工作。由于系统运行方式或情况的变化，或者进行工作的线路虽然已停电，但可能由于其他原因，有随时恢复送电的可能，将会造成人身触电事故。

（6）填用电力线路第二种工作票时，不需要履行工作许可手续。执行第二种工作票的工作不需要改变设备运行状况，不影响系统的稳定运行，故工作时不需履行工作许可手续，但需向工作票签发人提出申请。

四、工作监护制度

工作监护制度是在现场工作中，对安全、技术等措施执行力度的监督，是作业人员在作业过程中受到监护人不断的严格监督和保护，以便及时纠正作业人员的一切不安全行为和错误。特别是在靠近有电部位和工作转移时，监护作用更为重要。

（1）工作许可手续完成后，工作负责人、专责监护人应向工作班成员交待工作内容、人员分工、带电部位和现场安全措施、进行危险点告知，并履行确认手续，装完工作接地线后，工作班方可开始工作。工作负责人、专责监护人应始终在工作现场。

（2）工作票签发人或工作负责人对有触电危险、施工复杂容易发生事故的工作，应增设专责监护人和确定被监护的人员。

专责监护人不准兼做其他工作。专责监护人临时离开时，应通知被监护人员停止工作或离开工作现场，待专责监护人回来后方可恢复工作。若专责监护人必须长时间离开工作现场时，应由工作负责人变更专责监护人，履行变更手续，并告知全体被监护人员。

（3）工作期间，工作负责人若因故暂时离开工作现场时，应指定能胜任的人员临时代替，离开前应将工作现场交待清楚，并告知全体工作班成员。原工作负责人返回工作现场时，也应履行同样的交接手续。若工作负责人必须长时间离开工作的现场时，应由原工作票签发人变更工作负责人，履行变更手续，并告知全体作业人员及工作许可人。原、现工作负责人应做好必要的交接手续。

（4）工作班成员的变更应经工作负责人、专责监护人的同意，并在工作票上做好变更记录；中途新加入的工作班成员，应由工作负责人、专责监护人对其进行安全交底并履行确认手续。

五、工作间断制度

工作间断是工作过程中，因需要补充营养、休息或天气变化等原因，工作人员从工作现场撤出而停止一段时间的情况。工作间断主要有当日间断和隔日工作间断。

（1）在工作中遇雷、雨、大风或其他任何情况威胁到作业人员的安全时，工作负责人或专责监护人可根据情况临时停止工作。

（2）白天工作间断时，工作地点的全部接地线仍保留不动。如果工作班须暂时离开工作地点，则应采取安全措施和派人看守，不让人、畜接近挖好的基坑或未竖立稳固的杆塔以及负载的起重和牵引机械装置等。恢复工作前，应检查接地线等各项安全措施的完整性。

（3）填用数日内工作有效的第一种工作票，每日收工时如果将工作地点所装的接地线拆除，次日恢复工作前应重新验电挂接地线。如果经调度允许的连续停电、夜间不送电的线路，工作地点的接地线可以不拆除，但次日恢复工作前应派人检查。

六、工作终结和恢复送电制度

（1）完工后，工作负责人（包括小组负责人）应检查线路检修地段的状况，确认在杆塔上、导线上、绝缘子串上及其他辅助设备上没有遗留的个人保安线、工具、材料等，查明全部工作人员确由杆塔上撤下后，再命令拆除工作地段所挂的接地线。接地线拆除后，应即认为线路带电，不准任何人再登杆进行工作。

多个小组工作，工作负责人应得到所有小组负责人工作结束的汇报。

（2）工作终结后，工作负责人应及时报告工作许可人，报告的方法有当面报告，用电话报告并经复诵无误。若有其他单位配合停电线路，还应及时通知指定的配合停电设备运维管理单位联系人。

（3）工作终结的报告应简明扼要，并包括下列内容：工作负责人姓名，某线路上某处（说明起止杆塔号、分支线名称等）工作已经完工，设备改动情况，工作地点所挂的接地线、个人保安线已全部拆除，线路上已无本班组作业人员和遗留物，可以送电。

（4）工作许可人在接到所有工作负责人（包括用户）的完工报告，并确认全部工作已经完毕，所有作业人员已由线路上撤离，接地线已经全部拆除，与记录核对无误并做好记录后，方可下令拆除安全措施，向线路恢复送电。

（5）已终结的工作票、事故紧急抢修单、工作任务单应保存1年。

第二节　保证安全的技术措施

在电力线路上工作保证安全的技术措施包括停电、验电、接地、使用个人保安线、悬挂标示牌和装设遮栏（围栏）。

一、停电

停电就是将检修设备与带电设备进行完全物理隔离，并有明显断开点。

（1）进行线路停电作业前，应做好下列安全措施：

1）断开发电厂、变电站、换流站、开关站、配电站（所）（包括用户设备）等线路断路器和隔离开关；

2）断开线路上需要操作的各端（含分支）断路器、隔离开关和熔断器；

3）断开危及线路停电作业，且不能采取相应安全措施的交叉跨越、平行和同杆架设线路（包括用户线路）的断路器、隔离开关和熔断器；

4）断开有可能返回低压电源的断路器、隔离开关和熔断器。

（2）停电设备的各端应有明显的断开点，若无法观察到停电设备的断开点，应有能够反映设备运行状态的电气和机械等指示。

（3）可直接在地面操作的断路器、隔离开关的操作机构上应加锁，不能直接在地面操作的断路器、隔离开关应悬挂标示牌；跌落式熔断器的熔管应摘下或悬挂标示牌。

二、验电

（1）在停电线路工作地段装接地线前，应使用相应电压等级、合格的接触式验电器验明线路确无电压。直流线路和330kV及以上的交流线路，可使用合格的绝缘棒或专用的绝缘绳验电。验电时，绝缘棒或绝缘绳的金属部分应逐渐接近导线，根据有无放电声和火花来判断线路是否确无电压。验电时应戴绝缘手套。

（2）验电前，应先在有电设备上进行试验，确认验电器良好；无法在有电设备上进行试验时，可用工频高压发生器等确证验电器良好。验电时人体应与被验电设备保持表1-5规定的距离，并设专人监护。使用伸缩式验电器时应保证绝缘的有效长度。

（3）对无法进行直接验电的设备和雨雪天气时的户外设备，可以进行间接验电，即通过设备的机械指示位置、电气指示、带电显示装置、仪表及各种遥测、遥信等信号的变化来判断。判断时，至少应有两个非同样原理或非同源的指示发生对应变化，且所有这些确定的指示均已同时发生对应变化，才能确认该设备已无电。以上检查项目应填写在操作票中作为检查项。检查中若发现其他任何信号有异常，均应停止操作，查明原因。若进行遥控操作，可采用上述的间接方法或其他可靠的方法进行间接验电。

（4）对同杆塔架设的多层电力线路进行验电时，应先验低压、后验高压，先验下层、后验上层，先验近侧、后验远侧。禁止作业人员穿越未经验电、接地的10（20）kV线路及未采取绝缘措施的低压带电线路对上层线路进行验电。线路的验电应逐相（直流线路逐极）进行。检修联络用的断路器、隔离开关或其组合时，应在其两侧验电。

三、接地

（1）线路经验明确无电压后，应立即装设接地线并三相短路（直流线路两极接地线分别直接接地）。各工作班工作地段各端和工作地段内有可能反送电的分支线（包括用户）都应接地。直流接地极线路，作业点两端应装设接地线。配合停电的线路可以只在工作地点附近装设一组工作接地线。装、拆接地线应在监护下进行。工作接地线应全部列入工作票，工作负责人应确认所有工作接地线均已挂设完成方可宣布开工。

（2）禁止工作人员擅自变更工作票中指定的接地线位置。如需变更，应由工作负责人征得工作票签发人同意，并在工作票上注明变更情况。

（3）同杆塔架设的多层电力线路挂接地线时，应先挂低压、后挂高压，先挂下层、后挂上层，先挂近侧、后挂远侧。拆除时顺序相反。

（4）成套接地线应由有透明护套的多股软铜线和专用线夹组成，其截面积不小于25mm²，同时应满足装设地点短路电流的要求。

禁止使用其他导线接地或短路。

接地线应使用专用的线夹固定在导体上，禁止用缠绕的方法进行接地或短路。

（5）装设接地线时，应先接接地端，后接导线端，接地线应接触良好、连接应可靠。拆接地线的顺序与此相反。装、拆接地线均应使用绝缘棒或专用的绝缘绳。人体不准碰触接地线和未接地的导线。

（6）在杆塔或横担接地良好的条件下装设接地线时，接地线可单独或合并后接到杆塔上，但杆塔接地电阻和接地通道应良好。杆塔与接地线连接部分应清除油漆，接触良好。

（7）对于无接地引下线的杆塔，可采用临时接地体。接地体的截面积不小于190mm²（如ϕ16圆钢）。接地体在地面下深度不小于0.6m。对于土壤电阻率较高地区，如岩石、瓦砾、沙土等，应采取增加接地体根数、长度、截面积或埋地深度等措施改善接地电阻。

（8）在同杆塔架设多回线路杆塔的停电线路上装设的接地线，应采取措施防止接地线摆动，并满足表 1-5 规定的安全距离。断开耐张杆塔引线或工作中需要拉开断路器、隔离开关时，应先在其两侧装设接地线。

（9）电缆及电容器接地前应逐相充分放电，星形接线电容器的中性点应接地，串联电容器及与整组电容器脱离的电容器应逐个多次放电，装在绝缘支架上的电容器外壳也应放电。

四、使用个人保安线

（1）工作地段如有邻近、平行、交叉跨越及同杆塔架设线路，为防止停电检修线路上感应电压伤人，在需要接触或接近导线工作时，应使用个人保安线。

（2）个人保安线应在杆塔上接触或接近导线的作业开始前挂接，作业结束脱离导线后拆除。装设时，应先接接地端，后接导线端，且接触良好，连接可靠。拆个人保安线的顺序与此相反。个人保安线由作业人员负责自行装、拆。

（3）个人保安线应使用有透明护套的多股软铜线，截面积不得小于 16mm²，且应带有绝缘手柄或绝缘部件。禁止用个人保安线代替接地线。

（4）在杆塔或横担接地通道良好的条件下，个人保安线接地端允许接在杆塔或横担上。

五、悬挂标示牌和装设遮栏（围栏）

（1）在一经合闸即可送电到工作地点的断路器、隔离开关及跌落式熔断器的操作处，均应悬挂"禁止合闸，线路有人工作！"或"禁止合闸，有人工作！"的标示牌。

（2）进行地面配电设备部分停电的工作，人员工作时距设备小于表 2-2 安全距离以内的未停电设备，应增设临时围栏。临时围栏与带电部分的距离，不准小于表 2-3 的规定。临时围栏应装设牢固，并悬挂"止步，高压危险！"的标示牌。

表 2-2　　　　　　　设备不停电时的安全距离

电压等级（kV）	安全距离（m）
10 及以下	0.70
20、35	1.00
63（66）、110	1.50

表 2−3   工作人员工作中正常活动范围与带电设备的安全距离

电压等级（kV）	安全距离（m）
10 及以下	0.35
20、35	0.60
63（66）、110	1.50

（3）在城区、人口密集区地段或交通道口和通行道路上施工时，工作场所周围应装设遮栏（围栏），并在相应部位装设标示牌。必要时，派专人看管。

第三章

作业安全风险辨识评估与控制

第一节 概 述

为贯彻落实公司安全生产工作部署，践行"人民至上、生命至上"理念，深刻吸取近年来安全事故教训，聚焦人身风险，进一步加强生产现场作业风险管控，提升现场作业安全水平。本章节综合考虑设备、电网风险，坚持"源头防范、分级管控"，推行"一表一库"（作业风险分级表和检修工序风险库），结合三级生产管控中心建设，构建生产现场作业"五级五控"风险防控体系（即Ⅰ至Ⅴ级作业风险；总部、省公司、地市级单位、县公司级单位、班组及供电所五级管控），持续提升生产现场作业安全水平，全面提高作业人员安全意识、作业风险辨识能力和现场安全管控水平，确保不发生生产作业现场人身伤亡事故、恶性误操作事件以及运维检修管理责任的设备故障跳闸（临停）事件（"三提高三不发生"）。

阐述作业项目安全风险控制的职责与分工、计划编制、风险识别、评估定级、现场实施等要求，遵循"全面评估、分级管控"的工作原则，并依托安全生产风险管控平台（简称平台，含移动 App）实施全过程管理，形成"流程规范、措施明确、责任落实、可控在控"的安全风险管控机制。

作业项目安全风险管控流程包括计划管理、风险辨识、风险评估、风险公示、风险控制、检查与改进等环节。

安监部门负责建立健全本单位作业风险评估、管控及督查工作机制；组织、协调和督导本单位作业风险管控工作，对所属单位作业风险评估定级、公示、管控措施制定和落实情况开展监督检查和评价考核，牵头组织风险管控工作督查会议。

运检、营销、建设、调控中心等专业部门负责组织本专业作业计划编制、风险评估定级、管控措施落实等工作；按要求组织开展到岗到位工作；参加风险管控工作督查会议。

二级机构（工区、项目部）负责组织实施作业风险管控工作，编制并上报作业计划，按照批复的作业计划组织落实风险预控、作业准备、作业实施、到岗到位等各环节安全管控措施和要求。

班组负责落实现场勘察、风险评估、"两票"执行、班前（后）会、安全交底、作业监护等安全管控措施和要求。

作业风险管控工作流程如图 3-1 所示。

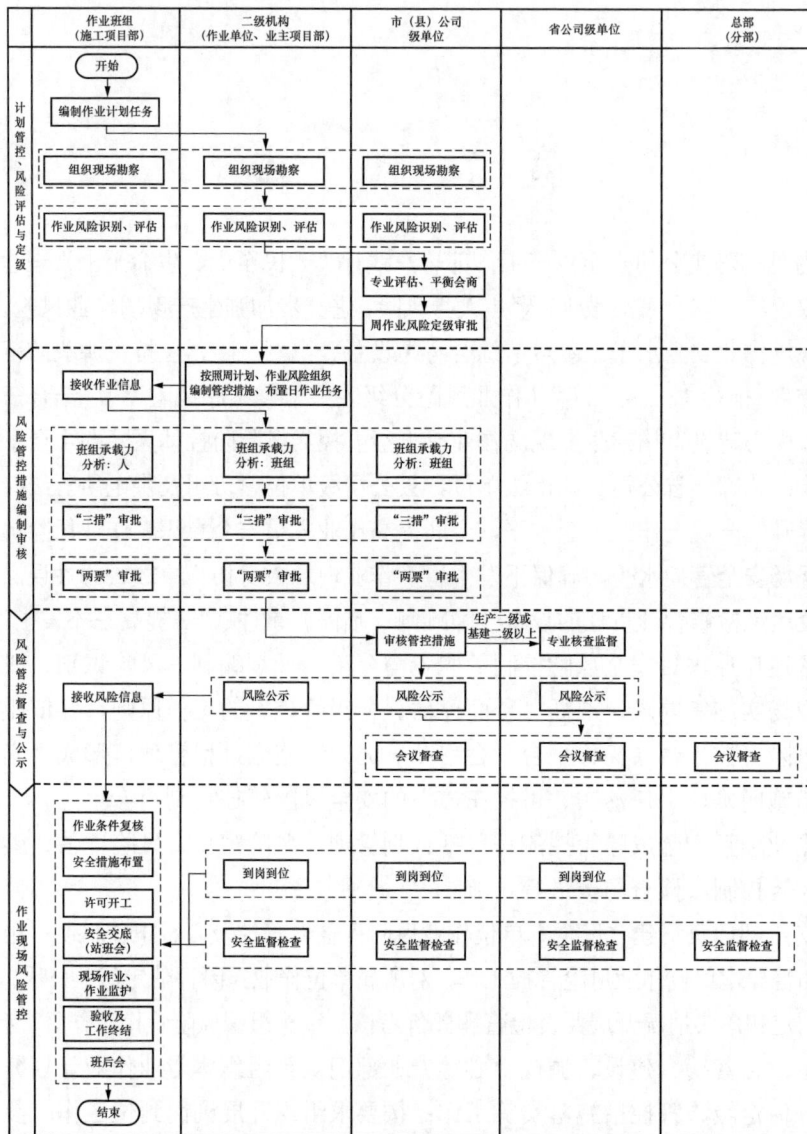

图 3-1　作业风险管控工作流程图

第二节　作业安全风险辨识与控制

统筹考虑多维度风险因素，建立现场作业风险分级表和典型作业风险库，切实指导现场组织管理和关键环节管控，促进"五级五控"机制落实。

1. 作业风险分级表

按照设备电压等级、作业范围、作业内容对检修作业进行分类，在突出人身风险的基础上，综合考虑作业管控难度、工艺技术难度等因素，建立作业风险分级表（详见表 3−1），分为 I～V 五个等级，对应风险由高到低，用于指导现场作业组织管理。每个风险因素等级评价主要内容具体如下：

（1）人身安全风险。聚焦防人身伤害，依据作业中存在的高处坠落、机械伤害、触电、气体中毒等人身伤害因素数量，进行人身安全风险评价。涉及带电作业、同塔双回（多回）线路单回停电作业、深基坑作业、电缆有限空间作业、交跨带电线路和恶劣天气作业时，其人身安全风险提级管控。

（2）作业管控难度。聚焦交圈地带作业等高风险环节，依据参检单位或人员数量、现场作业面数量等进行作业管控难度评价。涉及夜间作业、高温严寒、高海拔和跨越等条件下作业或作业区段跨一级及以上公路、二级以上铁路、重要输电通道、主通航河流、海上主航道等重要跨越物时，其作业管控难度提级。

（3）工艺技术难度。聚焦设备检修质量，依据作业类型、电压等级、工艺要求、工序复杂程度进行工艺技术难度等级评价。涉及抱杆组立杆塔、搭设跨越架作业、更换特高压线路整串耐张绝缘子、带电作业、海底电缆等作业时，其工艺技术难度提级。

表 3−1　　　　　　　　作 业 风 险 分 级 表

序号	设备电压等级	作业类型	作业内容	风险因素评级	综合评级
1	±800（1000、±1100）kV	A/B 类检修	杆塔组立（拆除）、更换导地线（光缆）作业	人身安全风险：1 级 安全管控难度：1 级 工艺技术难度：1 级	I 级
2	±800（1000、±1100）kV	B 类检修	当日作业人员达（含）100 人或作业范围达（含）30 基塔的作业（不涉及铁塔组立（拆除）和更换导地线）	人身安全风险：2 级 安全管控难度：1 级 工艺技术难度：2 级	II 级

续表

序号	设备电压等级	作业类型	作业内容	风险因素评级	综合评级
3	±800（1000、±1100）kV	B类检修	当日作业人员未达100人且作业范围未达30基塔的作业（不涉及铁塔组立（拆除）和更换导地线）	人身安全风险：3级 安全管控难度：3级 工艺技术难度：2级	Ⅲ级
4	±800（1000、±1100）kV	C类检修	当日作业人员达（含）100人以上或作业范围超过（含）30基塔的作业	人身安全风险：3级 安全管控难度：1级 工艺技术难度：3级	Ⅱ级
5	±800（1000、±1100）kV	C类检修	当日作业人员未达100人且作业范围未达30基塔的作业	人身安全风险：3级 安全管控难度：2级 工艺技术难度：3级	Ⅲ级
6	±800（1000、±1100）kV	D类检修	当日作业人员达（含）100人以上或作业范围超过（含）30基塔的登高作业	人身安全风险：3级 安全管控难度：1级 工艺技术难度：3级	Ⅱ级
7	±800（1000、±1100）kV	D类检修	当日作业人员达（含）100人且作业范围未达30基塔的登高作业	人身安全风险：3级 安全管控难度：2级 工艺技术难度：3级	Ⅲ级
8	±800（1000、±1100）kV	D类检修	当日作业人员达（含）100人以上或作业范围超过（含）30基塔的不登高作业	人身安全风险：5级 安全管控难度：1级 工艺技术难度：3级	Ⅳ级
9	±800（1000、±1100）kV	D类检修	当日作业人员未达100人且作业范围未达30基塔的不登高作业	人身安全风险：5级 安全管控难度：2级 工艺技术难度：3级	Ⅳ级
10	±800（1000、±1100）kV	E类检修	等电位更换耐张绝缘子串或新工艺首次应用	人身安全风险：1级 安全管控难度：2级 工艺技术难度：1级	Ⅰ级
11	±800（1000、±1100）kV	E类检修	等电位更换悬垂串，中间电位更换耐张单片绝缘子	人身安全风险：2级 安全管控难度：4级 工艺技术难度：2级	Ⅱ级
12	500kV及以上	—	500kV及以上电网"新技术、新工艺、新设备、新材料"应用的首次作业	—	Ⅱ级
13	500（±400、±500、±660）kV、750kV	A/B类检修	当日作业人员达（含）100人以上或作业范围超过（含）30基塔的杆塔组立（拆除）、更换导地线或架空光缆作业	人身安全风险：1级 安全管控难度：1级 工艺技术难度：2级	Ⅰ级
14	500（±400、±500、±660）kV、750kV	A/B类检修	当日作业人员未达100人且作业范围未达30基塔的杆塔组立（拆除）、更换导地线或架空光缆作业	人身安全风险：1级 安全管控难度：2级 工艺技术难度：2级	Ⅱ级

续表

序号	设备电压等级	作业类型	作业内容	风险因素评级	综合评级
15	500（±400、±500、±660）kV、750kV	B 类检修	当日作业人员达（含）100人以上或作业范围超过（含）30 基塔的不涉及铁塔组立（拆除）和更换导地线的工作	人身安全风险：2 级 安全管控难度：1 级 工艺技术难度：2 级	Ⅱ级
16	500（±400、±500、±660）kV、750kV	B 类检修	当日作业人员达（含）100人以上或作业范围超过（含）30 基塔的不涉及铁塔组立（拆除）和更换导地线的工作	人身安全风险：3 级 安全管控难度：3 级 工艺技术难度：2 级	Ⅲ级
17	500（±400、±500、±660）kV、750kV	C 类检修	当日作业人员达（含）100人以上或作业范围超过（含）30 基塔的作业	人身安全风险：3 级 安全管控难度：1 级 工艺技术难度：4 级	Ⅱ级
18	500（±400、±500、±660）kV、750kV	C 类检修	当日作业人员未达100 人且作业范围未达 30 基塔的作业	人身安全风险：3 级 安全管控难度：3 级 工艺技术难度：4 级	Ⅲ级
19	500（±400、±500、±660）kV、750kV	D 类检修	当日作业人员达（含）100人以上或作业范围超过（含）30 基塔的登高作业	人身安全风险：3 级 安全管控难度：1 级 工艺技术难度：4 级	Ⅱ级
20	500（±400、±500、±660）kV、750kV	D 类检修	当日作业人员未达 100 人且作业范围未达 30 基塔的登高作业	人身安全风险：3 级 安全管控难度：2 级 工艺技术难度：4 级	Ⅲ级
21	500（±400、±500、±660）kV、750kV	D 类检修	当日作业人员达（含）100人以上或作业范围超过（含）30 基塔的不登高作业	人身安全风险：5 级 安全管控难度：1 级 工艺技术难度：4 级	Ⅳ级
22	500（±400、±500、±660）kV、750kV	D 类检修	当日作业人员未达 100 人且作业范围未达 30 基塔的不登高作业	人身安全风险：5 级 安全管控难度：2 级 工艺技术难度：4 级	Ⅳ级
23	500（±400、±500、±660）kV、750kV	E 类检修	等电位更换耐张绝缘子串或新工艺首次应用	人身安全风险：1 级 安全管控难度：3 级 工艺技术难度：2 级	Ⅲ级
24	500（±400、±500、±660）kV、750kV	E 类检修	等电位更换悬垂串，中间电位更换耐张单片绝缘子	人身安全风险：2 级 安全管控难度：2 级 工艺技术难度：3 级	Ⅲ级
25	330kV 及以下	—	330kV 及以下电网"新技术、新工艺、新设备、新材料"应用的首次作业	—	Ⅲ级
26	220（330）kV	A/B 类检修	当日作业人员达（含）100人以上或作业范围超过（含）30 基塔的杆塔组立（拆除）、更换导地线或架空光缆作业	人身安全风险：1 级 安全管控难度：1 级 工艺技术难度：3 级	Ⅰ级
27	220（330）kV	A/B 类检修	当日作业人员未达 100 人且作业范围未达 30 基塔的作业杆塔组立（拆除）、更换导地线或架空光缆作业	人身安全风险：1 级 安全管控难度：2 级 工艺技术难度：3 级	Ⅲ级

续表

序号	设备电压等级	作业类型	作业内容	风险因素评级	综合评级
28	220（330）kV	B类检修	当日作业人员未达100人且作业范围未达30基塔的作业	人身安全风险：1级 安全管控难度：2级 工艺技术难度：4级	Ⅲ级
29	220（330）kV	C类检修	当日作业人员达（含）100人或作业范围达（含）30基塔的作业	人身安全风险：3级 安全管控难度：1级 工艺技术难度：4级	Ⅱ级
30	220（330）kV	C类检修	当日作业人员达50～100人或作业范围达20～30基塔的作业	人身安全风险：3级 安全管控难度：2级 工艺技术难度：4级	Ⅲ级
31	220（330）kV	C类检修	当日作业人员未达50人且作业范围未达20基塔的作业	人身安全风险：3级 安全管控难度：4级 工艺技术难度：4级	Ⅳ级
32	220（330）kV	D类检修	当日作业人员达（含）100人或作业范围达（含）30基塔的登高作业	人身安全风险：4级 安全管控难度：1级 工艺技术难度：4级	Ⅲ级
33	220（330）kV	D类检修	当日作业人员未达100人且作业范围未达30基塔的登高作业	人身安全风险：4级 安全管控难度：3级 工艺技术难度：4级	Ⅳ级
34	220（330）kV	D类检修	不登高作业	人身安全风险：5级 安全管控难度：1级 工艺技术难度：4级	Ⅳ级
35	220（330）kV	E类检修	等电位更换耐张绝缘子串或新工艺首次应用	人身安全风险：1级 安全管控难度：2级 工艺技术难度：3级	Ⅲ级
36	220（330）kV	E类检修	等电位更换悬垂串	人身安全风险：2级 安全管控难度：2级 工艺技术难度：3级	Ⅲ级
37	110（66）kV	A/B类检修	当日作业人员达（含）100人以上或作业范围超过（含）30基塔的杆塔组立（拆除）、更换导地线或架空光缆作业	人身安全风险：1级 安全管控难度：1级 工艺技术难度：3级	Ⅰ级
38	110（66）kV	A/B类检修	当日作业人员未达100人或作业范围未达30基塔的更换导地线或架空光缆作业	人身安全风险：1级 安全管控难度：2级 工艺技术难度：3级	Ⅲ级
39	110（66）kV	B类检修	当日作业人员未达100人或作业范围未达30基塔的作业	人身安全风险：2级 安全管控难度：2级 工艺技术难度：4级	Ⅲ级
40	110（66）kV	C类检修	当日作业人员达（含）100人或作业范围达（含）30基塔的作业	人身安全风险：4级 安全管控难度：1级 工艺技术难度：5级	Ⅲ级

续表

序号	设备电压等级	作业类型	作业内容	风险因素评级	综合评级
41	110（66）kV	C类检修	当日作业人员未达100人或作业范围未达30基塔的作业	人身安全风险：3级 安全管控难度：3级 工艺技术难度：5级	IV级
42	110（66）kV	D类检修	登高作业	人身安全风险：4级 安全管控难度：1级 工艺技术难度：5级	III级
43	110（66）kV	D类检修	不登高作业	人身安全风险：5级 安全管控难度：1级 工艺技术难度：5级	IV级
44	110（66）kV	E类检修	等电位更换整串耐张绝缘子串或新工艺首次应用	人身安全风险：1级 安全管控难度：2级 工艺技术难度：3级	III级
45	110（66）kV	E类检修	等电位更换悬垂串	人身安全风险：3级 安全管控难度：2级 工艺技术难度：3级	III级
46	66kV	A/B类检修	同沟敷设多回电缆，进行部分电缆停电开断作业	人身安全风险：2级 安全管控难度：4级 工艺技术难度：3级	IV级
47	66kV及以上电缆	A/B类检修	邻近易燃、易爆物品或电缆沟、隧道等密闭空间动火作业	人身安全风险：3级 安全管控难度：3级 工艺技术难度：3级	III级
48	66kV及以上电缆	A/B类检修	制作环氧树脂电缆头和调配环氧树脂工作	人身安全风险：3级 安全管控难度：4级 工艺技术难度：4级	IV级
49	66kV及以上电缆	B类检修	高压电缆试验	人身安全风险：3级 安全管控难度：4级 工艺技术难度：4级	IV级
50	66kV及以上电缆	C类检修	所有作业	人身安全风险：4级 安全管控难度：4级 工艺技术难度：4级	IV级
51	66kV及以上电缆	D类检修	所有作业	人身安全风险：4级 安全管控难度：4/5级 工艺技术难度：5级	V级
52	110（66）kV及以上	D类检修	通道树障清理	人身安全风险：4级 安全管控难度：4级 工艺技术难度：5级	V级
53	110（66）kV及以上	B类检修	融冰时搭接和拆除短引线、融冰电源线等	人身安全风险：3级 安全管控难度：4级 工艺技术难度：4级	IV级
54	110（66）kV及以上	线路巡视	途径地质灾害区、无人区、交通困难地区、原始森林、野兽出没区域、湖荡区	人身安全风险：4/5级 安全管控难度：4/5级 工艺技术难度：5级	V级

续表

序号	设备电压等级	作业类型	作业内容	风险因素评级	综合评级
55	110（66）kV 及以上	线路巡视	大风暴雨、大雾、导线覆冰、地震、森林火灾等特殊情况以及登杆（塔）巡视	人身安全风险：4/5 级 安全管控难度：4/5 级 工艺技术难度：5 级	V 级
56	66kV 及以上电缆	电缆巡视	进入电缆隧道、电缆井等密闭空间开展的巡视	人身安全风险：4/5 级 安全管控难度：4/5 级 工艺技术难度：5 级	V 级
57	66kV 及以上电缆	电缆巡视	电缆故障、洪水倒灌、异常告警时开展的巡视	人身安全风险：2 级 安全管控难度：4 级 工艺技术难度：4 级	IV 级

2. 典型作业风险库

考虑不同作业类型特点，分析实施过程存在的安全、质量风险，制定对应管控措施，形成典型作业风险库（见表3-2～表3-10），便于作业风险按日动态更新、统计，指导关键环节管控。

表3-2　　　　　　　　　典型作业风险库—共性风险

序号	设备	作业风险类型	风险等级	风险防范措施
1	架空输电线路	误登杆塔	高	（1）作业人员在作业现场应正确佩戴与待停电作业双重名称、色标一致的胸牌卡（线路识别标记卡）或其他识别标识，并在开班会上相互确认。 （2）高风险作业的高风险环节，检修项目管理单位应组织人员与施工单位保持同进同出。 （3）每组人员至少两人，一人监护，一人登塔。登塔前需要外协施工单位作业人员及监护人（小组负责人）共同确认现场线路双重名称、色标，并通过拍照、微信平台等方式报运行单位及工作负责人确认后方可登塔作业。 （4）在同塔双回（多回、直流线路双极）线路中一回停电，其他回路带电杆塔上作业时，作业人员在横担处应与监护人（小组负责人）再次核对色标，并通过拍照等方式报运行单位及工作负责人确认无误后方可进入作业区域
2	架空输电线路	高处坠落	高	（1）检修前核对外包单位安全带标签、安全帽在合格期内。作业前作业人员应认真检查安全带、安全帽等安全工器具是否良好，能正确使用安全带、高处移位、作业时都不得失去安全带（绳）保护。 （2）使用有后备保护绳或速差自锁器的双控背带式安全带时，当后备保护绳超过 3m 时，应使用缓冲器。安全带和后备保护绳应分别挂在杆塔不同部位的牢固构件或专为挂安全带用的钢丝绳上，同时应防止安全带从杆顶脱出，或被锋利物损坏，安全绳不得采用低挂高用的方式，后备保护绳不准对接使用。 （3）上下杆塔时必须手抓牢、脚踏稳。人员上、下杆塔要沿脚钉攀登，不得沿单根构件、绳索或拉线上爬或下滑，发现有脚钉短缺时，应在安全带的保护下位移，手扶的构件应牢固，做好防滑措施。多人上下同一杆塔时应逐个进行，且人员间隔不得低于 2m。

续表

序号	设备	作业风险类型	风险等级	风险防范措施
2	架空输电线路	高处坠落	高	（4）沿绝缘子串进、出导线时，应使用后备保护绳或速差自锁器的双控背带式安全带，不得失去保护，严禁人员沿绝缘子串站立行走。 （5）在相分裂导线上工作时，安全带（绳）应挂在同一根子导线上，后备保护绳宜挂在整组相导线上。导线走线时，过间隔棒不得失去安全保护。 （6）现场监护人员采用无人机或望远镜对作业人员的行为实施跟踪检查，对人员转移关键环节抽查拍照记录。远程人员利用布控球的方式进行远程抽查。一旦发现违章，对违章人员进行安全教育，同一单位发现相同类型违章两次，停工整改，重新组织违章单位人员进行安全教育并安规考试
3	架空输电线路	高处落物	中	（1）高处作业应一律使用工具袋。较大的工具应使用绳子拴在牢固的构件上。工件、边角余料应放置在牢靠的地方或用铁丝扣牢并采取防止坠落的措施，不准随便乱放，以防止从高处掉落发生事故。 （2）上下传递物品使用绳索，不得乱扔，绳扣要绑牢，传递人员应离开吊钩下方。 （3）作业点下方按坠落半径设置围栏，人口密集区或行人道口设置围栏，不得有人靠近、通过或逗留。 （4）现场人员必须佩戴安全帽，禁止非工作人员进出作业现场，劝离围观群众
4	架空输电线路、高压电缆	触电伤人	高	（1）停电检修线路在进行检修前，需进行验电、装设接地线，检修结束后需将所装设的接地线全部拆回，并与领用清单——对应确认。人体不准碰触接地线和未接地的导地线。为防止在风力作用下，接地线松动后感应电对接地线金属头放电灼伤导线，安装人员应在接地线装设完成后，确保接地线连接的可靠性，并拍照发工作负责人或监护人确认。 （2）工作接地线装设完毕后，现场工作负责人负责组织拍摄接地线所在位置杆塔号牌照、导线端和接地端特写照、塔头接地线装设完成全景照等 4 幅照片，并以适当方式上传至运维单位工作许可人，许可人对接地线装设的位置、数量、装设质量等核实无误后许可现场工作负责人工作。 （3）工作地段如有邻近（水平距离 50m 范围内）、平行（水平距离 50m 范围内）、交叉跨越及同杆架设线路，在需要接触或接近导线工作时，应使用个人保安线。工作结束后，作业人员带回，工作负责人检查核对，确保个人保安线"随人进出"。 （4）绝缘架空地线应视为带电体。作业人员与绝缘架空地线之间的距离 500kV 不得小于 0.4m，1000kV 不得小于 0.6m，在绝缘架空地线上作业时，应用接地线或个人保安线将其可靠接地或采用等电位方式进行。 （5）经调度允许的连续停电，夜间不送电线路，工作地点的工作接地线可以不拆除，但次日恢复工作前应派专人登塔检查接地线是否完好，并拍摄接地线装设全景照上传运维单位工作许可人，许可人核实无误后许可复工

续表

序号	设备	作业风险类型	风险等级	风险防范措施
5	架空输电线路	机械伤害	中	（1）起重机作业位置的地基稳固，附近的障碍物清除。衬垫支腿枕木不得少于两根且长度不得小于1.2m。 （2）起重臂及吊件下方划定作业区，地面设安全监护人，吊件垂直下方不得有人。 （3）吊件离开地面约100mm时暂停起吊并进行检查，确认正常且吊件上无搁置物及人员后方可继续起吊。 （4）仔细核对施工图纸的吊段参数，严格按照施工方案控制单吊重量，严禁超重起吊。 （5）运行时牵引机、张力机进出口前方不得有人通过。各转向滑车围成的区域内侧禁止有人。 （6）作业人员应正确使用施工机具、安全工器具，严禁使用损坏、变形、有故障或未经检验合格的施工机具、安全工器具。 （7）特种车辆及特种设备应经具有专业资质的检测检验机构检测检验合格，取得安全使用证或安全标志后方可使用。特种车辆及特种设备操作人员应具备相应资质，同时纳入工作班组成员统一管理
6	高压电缆	气体中毒	中	（1）严格执行空气置换，先检测再进入的原则。工作负责人严格召开班前会，详细告知作业人员当日作业范围环境，如何辨识密闭空间作业。进入有限空间作业应遵守相关安全规范，保证作业空间内空气置换时间，机械通风时间不低于30min，严格执行先检测安全后，再进入空间进行作业的原则。 （2）严格执行密闭空间作业安全防护设备配置原则。为确保有限空间作业安全，应根据有限空间作业环境和作业内容，配置气体检测设备、呼吸防护用品以及其他个体防护用品和通风设备、照明设备、通信设备等应急救援设备，并加强设备设施管理和维护保养，并指定专人负责维护，并建立运维台账。 （3）严格应急预案执行及定期演练。工作负责人应熟悉密闭空间应急预案，根据作业空间的特点，辨识可能的安全风险，明确救援工作现场处置程序，确保密闭空间作业现场负责人、监护人员、作业人员以及应急人员掌握应急预案内容

表3-3　　　　　　　　　　典型作业风险库—基础施工

序号	设备	工作内容	风险类型	风险等级	风险防范措施	质量管控措施
1	基础	基础开挖	机械伤害、气体中毒	中	（1）发电机、配电箱等接线由专业电工担任，接线头必须接触良好，导电部分不得裸露，金属外壳必须接地，做到"一机一闸一保护"，使用软橡胶电缆，电缆不得破损、漏电，工作中断时必须切断电源。 （2）堆土应距坑边1m以外，高度不得超过1.5m。 （3）必须按照设计规定放坡，施工过程发现坑壁出现裂纹、坍塌等迹象，立即停止作业并报告施工负责人，待处置完成合格后，再开始作业。	执行《110kV～750kV架空输电线路施工及验收规范》（GB 50233—2014）、《110kV～750kV架空输电线路施工质量检验及评定规程》（DL/T 5168—2016）等相应条款要求

续表

序号	设备	工作内容	风险类型	风险等级	风险防范措施	质量管控措施
1	基础	基础开挖	机械伤害、气体中毒	中	（4）规范设置供作业人员上下基坑的安全通道（梯子）；不得攀登挡土板支撑上下，不得在基坑内休息。 （5）有限空间作业必须做到"先通风、再检测、后作业"，检测不合格严禁作业。 （6）灌注桩基础施工需要连续进行，夜间现场施工应在不同的角度设置足够的灯光亮度，保证现场施工过程中的安全	执行《110kV～750kV架空输电线路施工及验收规范》（GB 50233—2014）、《110kV～750kV架空输电线路施工质量检验及评定规程》（DL/T 5168—2016）等相应条款要求

注 本库中如有未涵盖的工作内容，应根据现场作业实际情况开展相应的风险防控工作。

表 3-4 典型作业风险库—杆塔组立

序号	设备	工作内容	风险类型	风险等级	风险防范措施	质量管控措施
1	杆塔	地锚坑选择、设置及埋设	物体打击、机械伤害	中	（1）根据作业指导书的要求分拉线坑，各拉线间以及拉线及对地角度、地锚埋设符合方案要求。若达不到以下要求时增加相应的安全措施。 （2）受力地锚、铁桩牢固可靠，埋深符合施工方案要求，回填土层逐层夯实。严禁利用树木或裸露的岩石作业受力地锚。 （3）调整绳方向视吊片方向而定，距离应保证调整绳对水平地面的夹角不大于45°，可采用地钻或小号地锚固定。 （4）牵引转向滑车地锚一般利用基础或塔腿，但必须经过计算并采取可靠保护措施。 （5）各种锚桩回填时有防沉措施，并覆盖防雨布并设有排水沟。下雨后及时检查地锚埋设情况，如有土质下沉、流失等情况及时回填。 （6）拉线必须满足与带电体安全距离规定的要求。如不能满足要求的安全距离时，应按照带电作业工作或停电进行。 （7）地锚埋设应设专人检查验收，回填土层应逐层夯实	执行《110kV～750kV架空输电线路铁塔组立施工工艺导则》（DL/T 5342—2018）等相关要求
2	杆塔	抱杆系统布置和起立抱杆	机械伤害	高	（1）组塔前，应根据作业指导书的要求分拉线坑，各拉线间以拉线及对地角度要符合措施要求，现场负责检查。 （2）作业前检查铁塔是否可靠接地。检查金属抱杆的整体弯曲不超过杆长的1/600。严禁抱杆违反方向超长使用。 （3）高处作业人员要衣着灵便，穿软底滑鞋，使用全方位安全带，速差自控器等保护设施，挂设在牢靠的部件上，且不得低挂高用。 （4）抱杆根部采取防滑或防沉措施。抱杆超过30m，采用多次对接组立必须采取倒装方式，禁止采用正装方式。	执行《110kV～750kV架空输电线路铁塔组立施工工艺导则》（DL/T 5342—2018）等相关要求

续表

序号	设备	工作内容	风险类型	风险等级	风险防范措施	质量管控措施
2	杆塔	抱杆系统布置和起立抱杆	机械伤害	高	（5）作业前校核抱杆系统布置情况。对抱杆、起重滑车、吊点钢丝绳、承托钢丝绳等主要受力工具进行详细检查，严禁以小带大或超负荷使用。 （6）钢丝绳端部用绳卡固定连接时，绳卡压板应在钢丝绳主要受力的一边，且绳卡不得正反交叉设置；绳卡间距不应小于钢丝绳直径的6倍；绳卡数量应符合规定。 （7）在抱杆起立过程中，根部看守人员根据抱杆根部位置和抱杆起立程度指挥制动人员回松制动绳；制动绳人员根据指令同步均匀回松，不得松落	执行《110kV～750kV架空输电线路铁塔组立施工工艺导则》（DL/T 5342—2018）等
3	杆塔	吊装和组装塔片、塔段	物体打击、机械伤害、高处坠落	中	（1）起吊前，将所有可能影响就位安装的"活铁"固定好。吊件在起吊过程中，下控制绳应随吊件的上升随之送出，保持与塔架间距不小于100mm。 （2）组装杆塔的材料及工器具禁止浮搁在已立的杆塔和抱杆上。 （3）工具或材料要放在工具袋内或用绳索绑扎，上下传递用绳索吊送，严禁高处抛掷或利用绳索或拉线上下杆塔或顺杆下滑。 （4）吊点绑扎要设专人负责，绑扎要牢固，在绑扎处塔材做防护，对须补强的构件吊点予以可靠补强。 （5）磨绳缠绕不少于5圈，拉磨尾绳不应少于2人，人员应站在锚桩后面，并不应站在绳圈内。 （6）吊装过程，施工现场任何人发现异常应立即停止牵引，查明原因，作出妥善处理，不得强行吊装。 （7）构件起吊和就位过程中，不得调整抱杆拉线	执行《110kV～750kV架空输电线路铁塔组立施工工艺导则》（DL/T 5342—2018）等相关要求
4	杆塔	起重作业组塔	物体打击、机械伤害、高处坠落	中	（1）起重机作业位置的地基稳固，附近的障碍物清除。衬垫支腿枕木不得少于两根且长度不得小于1.2m。 （2）起重机吊装杆塔必须指定专人指挥。 （3）指挥人员看不清作业地点或操作人员看不清指挥信号时，均不得进行起吊作业。 （4）起重臂及吊件下方划定作业区，地面设安全监护人，吊件垂直下方不得有人。 （5）吊件离开地面约100mm时暂停起吊并进行检查，确认正常且吊件上无搁置物及人员后方可继续起吊。 （6）塔脚板就位后，上齐匹配的垫板和螺帽，组立完成后拧紧螺帽及打毛丝扣，防止螺帽脱出。 （7）对已组塔段进行全面检查，螺栓紧固，吊点处不缺件。 （8）当风速达到5级及以上或大雨、大雪、大雾等恶劣天气时，停止露天的起重吊装作业。重新作业前，先试吊，并确认各种安全装置灵敏可靠后进行作业。 （9）仔细核对施工图纸的吊段参数，严格按照施工方案控制单吊重量，严禁超重起吊	执行《110kV～750kV架空输电线路铁塔组立施工工艺导则》（DL/T 5342—2018）等相关要求

续表

序号	设备	工作内容	风险类型	风险等级	风险防范措施	质量管控措施
5	杆塔	安装悬垂线夹和其他附件、拆除多轮滑车	物体打击、高处坠落	中	（1）高处作业所用的工具和材料应放在工具袋内或用绳索绑牢；上下传递物件应用绳索吊送，严禁抛掷。 （2）收紧导链使导线离开滑轮适当位置，拆除、松下多轮滑车时，不得用人力直接松放。 （3）附件安装时，安全绳或速差自控器必须拴在横担主材上	执行《110kV～750kV架空输电线路铁塔组立施工工艺导则》（DL/T 5342—2018）等相关要求

注　本库中如有未涵盖的工作内容，应根据现场作业实际情况开展相应的风险防控工作。

表 3-5　　　　　典型作业风险库—导地线更换

序号	设备	工作内容	风险类型	风险等级	风险防范措施	质量管控措施
1	导、地线	展放线	机械伤害、感应电伤人、物体打击、高处坠落	高	（1）检查杆塔临时拉线是否安装完毕，承力状态是否完好；检查地锚、承力工具是否符合要求。 （2）检查牵引机械、链条葫芦、液压设备等是否符合要求。 （3）检查交跨点安全措施是否到位。 （4）检查高空作业点下方、转向滑车内角、展放导地线圈内是否无人。 （5）检查新、旧导地线牵引连接是否可靠。 （6）检查是否与邻近带电体保持足够的安全距离。 （7）检查弧垂监控人员是否到位、是否有效控制过牵引长度。 （8）检查附件安装是否正确设置防掉线保险绳。 （9）检查连接螺栓、"三销"是否安装齐全到位。 （10）检查线盘架设是否稳固、刹车装置是否有效。 （11）检查通信信号是否畅通无阻，是否统一指挥	执行《110kV～750kV架空输电线路张力架线施工工艺导则》（DL/T 5343—2018）、《跨越电力线路架线施工规程》（DL/T 5106—2017）等相关要求
2	导、地线	连接与开断	物体打击、高处坠物	中	（1）检查连接金具、接续管等与导地线型号是否匹配。 （2）检查压接工具型号、规格及完好性是否符合要求。 （3）防止压接时人员站在压钳上方，防止压力过载。 （4）检查杆塔临时拉线是否安装完毕，承力状态是否完好；检查地锚、承力工具是否符合要求。 （5）防止导、地线切割伤人	执行《110kV～750kV架空输电线路张力架线施工工艺导则》（DL/T 5343—2018）、《跨越电力线路架线施工规程》（DL/T 5106—2017）等相关要求

续表

序号	设备	工作内容	风险类型	风险等级	风险防范措施	质量管控措施
3	导、地线	紧线	机械伤害、物体打击、高处坠落	中	（1）逐基检查并消除导线在放线滑车中可能存在的跳槽现象。 （2）检查同相子导线可能存在的相互驳线现象，以便紧线时采取合理的紧线顺序，予以消除。 （3）检查压接管是否压好，压接管位置是否合适。 （4）紧线前，对紧线段内所展放在地面上的导线和地线的放线质量，直线接续管的连接，导、地线损伤处理，障碍设施等巡检一次，如发现问题，应及时进行处理。 （5）检查连接金具是否连接稳固	执行《110kV～750kV架空输电线路张力架线施工工艺导则》（DL/T 5343—2018）、《跨越电力线路架线施工规程》（DL/T 5106—2017）等相关要求

注　本库中如有未涵盖的工作内容，应根据现场作业实际情况开展相应的风险防控工作。

表3-6　　　　　　　　典型作业风险库—绝缘子更换

序号	设备	工作内容	风险类型	风险等级	风险防范措施	质量管控措施
1	绝缘子	传递工器具，安装导线后备保护绳、提线工器具	物体打击	低	（1）安装好导线后备保护绳后，安装提线工具。 （2）安装工具时需塔上、线上人员配合。 （3）将控制绳固定在绝缘子导线侧。 （4）塔上人员将起吊滑车移到更换绝缘子挂点附近（绳头留在绝缘子下端）	执行《标称电压高于1000V架空线路绝缘子　第1部分：交流系统用瓷或玻璃绝缘子元件　定义、试验方法和判定准则》（GB/T 1001.1—2021）、《标称电压高于1000V架空线路绝缘子　使用导则　第4部分：直流系统用棒形悬式复合绝缘子》（DL/T 1000.4—2018）等相关要求
2	绝缘子	拆除旧绝缘子，安装新绝缘子	高处落物	中	（1）提升导线，将绝缘子下部球头从碗头中脱出，缓松控制绳使绝缘子悬垂，拆下绝缘子并传递到地面。 （2）在地面将新绝缘子组装好，起吊新绝缘子，待横担侧安装后使用控制绳将绝缘子拉近导线，安装就位后松提线工具，绝缘子受力后拆除提线工具	执行《标称电压高于1000V架空线路绝缘子　第1部分：交流系统用瓷或玻璃绝缘子元件　定义、试验方法和判定准则》（DL/T 1001.1—2018）、《标称电压高于1000V架空线路绝缘子　使用导则　第4部分：直流系统用棒形悬式复合绝缘子》（DL/T 1000.4—2018）等相关要求
3	绝缘子	拆除作业工器具、接地线并传递至地面	物体打击、高处落物	中	（1）绝缘子受力后取下提线工具、后备保护绳，用绳子系牢送回地面。 （2）拆除导线后备保护绳后用传递绳将工器具传递至塔下。 （3）检查杆塔上无遗留的工器具、材料后，高处人员携带传递绳和单轮滑车下杆塔	执行《标称电压高于1000V架空线路绝缘子　第1部分：交流系统用瓷或玻璃绝缘子元件　定义、试验方法和判定准则》（DL/T 1001.1—2018）、《标称电压高于1000V架空线路绝缘子　使用导则　第4部分：直流系统用棒形悬式复合绝缘子》（DL/T 1000.4—2018）等相关要求

注　本库中如有未涵盖的工作内容，应根据现场作业实际情况开展相应的风险防控工作。

表 3－7　　　　　　　　　　　典型作业风险库—零星金具和塔材更换

序号	设备	工作内容	风险类型	风险等级	风险防范措施	质量管控措施
1	零星金具和塔材更换	上杆（塔）作业前的准备	机械伤害、物体打击、触电	低	（1）工作人员根据工作情况选择工器具及材料并检查是否完好。 （2）工作人员检查杆塔根部是否完好。 （3）地面作业人员在适当的位置将传递绳理顺确保无缠绕。 （4）按工作票的要求在工作地段前后杆塔的导线上验明无电压后装设好接地线	执行《电力金通用技术条件》（GB/T 2314—2008）、《连接金具》（DL/T 759—2009）、《输电线路杆塔及电力金具用热镀锌螺栓与螺母》（DL/T 284—2012）等相关要求
2	零星金具和塔材更换	登杆作业	高处坠落、物体打击、触电	中	（1）塔上作业人员检查登杆工具及安全防护用具并确保良好可靠。 （2）塔上作业人员戴好安全帽，携带安全带、后背保护绳、传递绳开始登塔。 （3）塔上作业人员登杆到适当位置系好安全带、后背保护绳后，再适当的位置挂好起吊绳	执行《电力金通用技术条件》（GB/T 2314—2008）、《连接金具》（DL/T 759—2009）、《输电线路杆塔及电力金具用热镀锌螺栓与螺母》（DL/T 284—2012）等相关要求
3	零星金具和塔材更换	金具或塔材更换作业	高处坠落、物体打击、触电	高	（1）地面作业人员将拆装金具或塔材所需工器具传递给塔上作业人员。 （2）塔上作业人员对待拆除的金具或塔材作适当固定，然后拆除金具或塔材并绑扎在传递绳上，传递至地面。 （3）塔上作业人员将新的金具或塔材按正确方式安装在原位置上，检查其各部连接良好、牢固。 （4）塔上作业人员拆除原固定措施，检查塔上无任何遗留物后，解开安全带、后备保护绳，携带吊绳下塔	执行《电力金通用技术条件》（GB/T 2314—2008）、《连接金具》（DL/T 759—2009）、《输电线路杆塔及电力金具用热镀锌螺栓与螺母》（DL/T 284—2012）等相关要求
4	零星金具和塔材更换	工作结束	物体打击、触电	低	工作负责人确认在杆塔上及其他辅助设备上没有遗留工具、材料等，查明全部工作人员确由杆塔上撤下后，再命令拆除工作地段所挂的接地线，并向工作许可人汇报作业结束，终结工作票	执行《电力金通用技术条件》（GB/T 2314—2008）、《连接金具》（DL/T 759—2009）、《输电线路杆塔及电力金具用热镀锌螺栓与螺母》（DL/T 284—2012）等相关要求

注　本库中如有未涵盖的工作内容，应根据现场作业实际情况开展相应的风险防控工作。

表 3－8　　　　　　　　　　　典型作业风险库—带电作业

序号	设备	工作内容	风险类型	风险等级	风险防范措施	质量管控措施
1	架空输电线路	进出强电场	组合间隙不足导致人员触电	高	（1）带电作业应在现场实测相对湿度不大于 80%的良好天气下进行，如遇雷、雨、雪、雾不得进行带电作业；风力大于5 级（10m/s）时不宜进行带电作业。 （2）杆塔上作业人员必须穿合格的全套屏蔽服，且各部应连接好，屏蔽服意两点之间电阻值均不得大于20Ω。与带电体保持安全距离。	执行《送电线路带电作业技术导则》（DL/T 966—2005）、《±500kV 直流输电线路带电作业技术导则》（DL/T 881—2019）等相关要求

续表

序号	设备	工作内容	风险类型	风险等级	风险防范措施	质量管控措施
1	架空输电线路	进出强电场	组合间隙不足导致人员触电	高	（3）使用专用绝缘检测仪对绝缘工具进行分段绝缘检测，阻值应不低于700MΩ，操作绝缘工具时应戴清洁、干燥的手套。 （4）等电位作业人员对接地体的距离应不小于规定的最小安全距离。 （5）等电位作业人员在进入强电场时，与接地体和带电体两部分间隙组成的组合间隙不准小于规定的最小组合间隙。 （6）等电位作业人员沿耐张绝缘子串进入强电场之前应先使用绝缘子检测装置对绝缘子进行检测，并确保完好绝缘子数量高于《线路安规》要求。 （7）等电位作业人员在电位转移前，应得到工作负责人的许可，转移电位时，人体裸露部分与带电体的距离不应小于规定的最小距离。 （8）等电位作业人员与地电位作业人员传递工具和材料时，应使用绝缘工具或绝缘绳索进行，其有效长度不应小于规定的最小有效绝缘长度	执行《送电线路带电作业技术导则》（DL/T 966—2005）、《±500kV 直流输电线路带电作业技术导则》（DLT 881—2019）等相关要求
2	架空输电线路	中间电位作业	组合间隙不足导致人员触电	高	细致编制带电作业方案，校核验算组合间隙，作业过程中严格控制作业半径，确保作业过程组合间隙满足要求	执行《送电线路带电作业技术导则》（DL/T 966—2005）、《±500kV 直流输电线路带电作业技术导则》（DL/T 881—2019）等相关要求
3	架空输电线路	操作工器具	有效绝缘距离不足、绝缘强度不足	高	（1）定期对绝缘工器具进行试验，科学规范保养。 （2）合理选用并正确使用绝缘工器具，保证有效绝缘距离	执行《送电线路带电作业技术导则》（DL/T 966—2005）、《±500kV 直流输电线路带电作业技术导则》（DL/T 881—2019）等相关要求
4	架空输电线路	直升机带电作业	直升机故障、吊挂脱落、组合间隙不足导致人员触电	高	（1）直升机带电作业应在现场实测相对湿度不大于80%的良好天气下进行，如遇雷、雨、雾不得进行带电作业；风力大于3级（5m/s）时不宜进行带电作业。 （2）等电位作业人员必须穿合格的全套屏蔽服，且各部分应连接好，屏蔽服任意两点之间电阻值均不得大于20Ω。与带电体保持安全距离。 （3）使用专用绝缘检测仪对绝缘工具进行分段绝缘检测，阻值应不低于700MΩ，操作绝缘工具时应戴清洁、干燥的手套。 （4）等电位作业人员对接地体的距离应不小于规定的最小安全距离。	执行《送电线路带电作业技术导则》（DL/T 966—2005）、《直升机电力作业安全工作规程》（DL/T 1345—2021）、《架空输电线路直升机带电作业技术导则》（DL/T 1720—2017）、《±500kV 直流输电线路带电作业技术导则》（DL/T 881—2019）、《直升机电力作业安全规程 第 4 部分：带电作业》（MH/T 1064.4— 2017）等相关要求

序号	设备	工作内容	风险类型	风险等级	风险防范措施	质量管控措施
4	架空输电线路	直升机带电作业	直升机故障、吊挂脱落、组合间隙不足导致人员触电	高	（5）等电位作业人员在进入强电场时，与接地体和带电体两部分间隙组成的组合间隙不准小于规定的最小组合间隙。 （6）航务人员与等电位作业人员、工作负责人的通信使用空地 131 通话系统。 （7）作业前应检查直升机机腹载人吊钩释放性能，并通过规格、材质符合要求的强力封闭环与绳索连接，主钩连接绳索长度与副钩连接绳索长度比例应符合相关规定；同时吊挂重量要满足直升机允许吊量。 （8）直升机吊挂人员及吊篮离地时，应确认载人吊钩、绳索、人员之间等连接可靠。 （9）直升机降落时，地面作业人员利用接地线应对直升机及吊挂设备进行放电	执行《送电线路带电作业技术导则》（DL/T 966—2005）、《直升机电力作业安全工作规程》（Q/GDW 10908—2016）、《架空输电线路直升机带电作业技术导则》（DL/T 1720—2017）、《±500kV 直流输电线路带电作业技术导则》（DL/T 881—2019）、《直升机电力作业安全规程　第 4 部分：带电作业》（MH/T 1064.4—2017）等相关要求

注　本库中如有未涵盖的工作内容，应根据现场作业实际情况开展相应的风险防控工作。

表 3-9　　　　　　　　　　典型作业风险库—电缆检修

序号	设备	工作内容	风险类型	风险等级	风险防范措施	质量管控措施
1	高压电缆	电缆终端更换	火灾、绝缘击穿	中	（1）认真实行技术交底制度，明确技术要求与工艺要求，强化技术纪律，严格按照操作工艺进行，落实岗位责任制，不断提高技术水平与效率。 （2）工程开工前，应组织有关人员认真讨论施工方案，做好材料计划。 （3）正确安全组织施工，严格执行各项规章制度和现场安全措施，确保施工安全。 （4）各项工作完工后，检测报告由工程总负责人组织统一收集、分类，审核合格后，由检测部门向运检单位移交。 （5）严格执行动火工作票制度，动火执行人应具备有关部门颁发的合格证	严格按照《额定电压66kV～220kV 交联聚乙烯绝缘电力电缆户外终端安装规程》（DL/T 344—2010）进行安装
2	高压电缆	电缆敷设	触电伤人、灼伤、火灾、运行设备故障	高	（1）认真实行技术交底制度，明确技术要求与工艺要求，强化技术纪律，严格按照操作工艺进行，落实岗位责任制，不断提高技术水平与效率。 （2）工程开工前，应组织有关人员认真讨论施工方案，做好材料计划。 （3）正确安全组织施工，严格执行各项规章制度和现场安全措施，确保施工安全。 （4）各项工作完工后，检测报告由工程总负责人组织统一收集、分类，审核合格后，由检测部门向运检单位移交。	严格执行《电气装置安装工程电缆线路施工及验收标准》（GB 50168—2018）中有关电缆敷设的条款

续表

序号	设备	工作内容	风险类型	风险等级	风险防范措施	质量管控措施
2	高压电缆	电缆敷设	触电伤人、灼伤、火灾、运行设备故障	高	（5）工人登杆后首先使用验电笔确认线路已停电后，接到挂设接地线许可命令后，进行电缆确认工作，安装电缆识别仪器，与电缆路径图、电缆双重名称核对无误。 （6）开断电缆前，人员应做好防灼伤措施，确认绝缘工器具良好，并在试验周期内，带好绝缘手套、站在绝缘垫上，戴好护目镜后方可开断电缆	严格执行《电气装置安装工程电缆线路施工及验收标准》（GB 50168—2018）中有关电缆敷设的条款
3	高压电缆	交接试验	触电伤人	中	（1）测试前必须核对电缆路径图纸、护层连接方式、测量历史资料，掌握所测电力电缆线路运行状态及所带负荷的情况。 （2）一次设备试验工作不得少于 2 人；试验作业前，必须规范设置安全隔离区域，向外悬挂"止步，高压危险！"的警示牌；设专人监护，严禁非作业人员进入；设备试验时，应将所要试验的设备与其他相邻设备做好物理隔离措施。 （3）调试过程试验电源应从试验电源屏或检修电源箱取得，严禁使用绝缘破损的电源线，用电设备与电源点距离超过3m，必须使用带漏电保护器的移动式电源盘，试验设备和被试设备应可靠接地，设备通电过程中，试验人员不得中途离开。工作结束后应及时将试验电源断开。 （4）装、拆试验接线应在接地保护范围内，戴绝缘手套，穿绝缘鞋。在绝缘垫上加压操作，与加压设备保持足够的安全距离。 （5）更换试验接线前，应对测试设备充分放电，试验结束后应详细检查电缆接地系统是否恢复原始状态。 （6）高处作业应正确使用安全带，作业人员在转移作业位置时不准失去安全保护	严格按照《电力电缆试验规程》（Q/GDW 11316—2014）及《电气装置安装工程电气设备交接试验标准》（GB 50150—2016）进行试验

注　本库中如有未涵盖的工作内容，应根据现场作业实际情况开展相应的风险防控工作。

表 3-10　　　　典型作业风险库—运行巡视

序号	设备	工作内容	风险类型	风险等级	风险防范措施	质量管控措施
1	架空输电线路	运行巡视	交通安全	中	（1）车辆要定期检查保养。 （2）出车安排要完成车辆出行审批。 （3）随行人员提醒驾驶员，不得疲劳驾驶	严格按照《国家电网有限公司交通安全监督管理办法》相关条款执行

续表

序号	设备	工作内容	风险类型	风险等级	风险防范措施	质量管控措施
2	架空输电线路	运行巡视	人身伤害	中	（1）野外巡视应关注天气变化、地形等情况，途径地质灾害区、无人区、交通困难地区，或经历大风暴雨、大雾、导线覆冰、地震、森林火灾等特殊情况时，应及时调整巡视时间，并配备必要的防护、通讯和应急设备。 （2）夜间巡视应至少2人进行，互相照应。 （3）巡视过程中不得贪图方便涉河或趟溪	严格按照《国家电网公司安全工作规程　线路部分》相关条款执行
3	架空输电线路	运行巡视	动物伤害	中	（1）边走边打草避免蛇咬伤，准备适量蛇药；遇野猪等不得惊扰，应避让。 （2）进村庄可能有狗的地方，备用棍棒，防备狗突然窜出受到伤害。 （3）通过狩猎地区时，一定要穿上颜色比较鲜艳的衣服，带上橘黄色帽子，尤其是在狩猎季节，防止被误伤。 （4）通过偏僻山区、野兽活动频繁地段时，要两人结伴进行，避开早晚时段，携带防护器具	严格按照《架空输电线路运行规程》（DL/T 741—2019）等进行

注　本库中如有未涵盖的工作内容，应根据现场作业实际情况开展相应的风险防控工作。

3. 提级管控

各单位可结合实际情况，对认为有必要的检修作业或工序进行提级管控。同类作业对应的故障抢修，其风险等级提级。

第四章

隐 患 排 查 治 理

第一节 概 述

本节依据国家电网公司发布的《安全隐患排查治理管理办法》，阐述安全隐患的职责分工、分级分类、隐患标准、隐患排查、隐患治理、重大隐患管理、监督考核等要求，以对安全隐患流程化控制，做到安全隐患的分类分级管理和全过程闭环管控。

一、职责分工

安全隐患的定义如下：

（1）安全隐患所在单位是隐患排查、治理和防控的责任主体。各级单位主要负责人对本单位隐患排查治理工作负全面领导责任，分管负责人对分管业务范围内的隐患排查治理工作负直接领导责任。

（2）各级安全生产委员会（简称安委会）负责建立健全本单位隐患排查治理规章制度，组织实施隐患排查治理工作，协调解决隐患排查治理重大问题、重要事项，提供资源保障并监督治理措施落实。

（3）各级安委办负责隐患排查治理工作的综合协调和监督管理，组织安委会成员部门编制、修订隐患排查标准，对隐患排查治理工作进行监督检查和评价考核。

（4）各级安委会成员部门按照"管业务必须管安全"的原则，负责专业范围内隐患排查治理工作。各级设备（运检）、调度、建设、营销、互联网、产业、水新、后勤等部门负责本专业隐患标准编制、排查组织、评估认定、治理实施和检查验收工作；各级发展、财务、物资等部门负责隐患治理所需的项目、资金和物资等投入保障。

（5）各级从业人员负责管辖范围内安全隐患的排查、登记、报告，按照职责分工实施防控治理。

（6）各级单位将生产经营项目或工程项目发包、场所出租的，应与承包、承租单位签订安全生产管理协议，并在协议中明确各方对安全隐患排查、治理和管控的管理职责；对承包、承租单位隐患排查治理进行统一协调和监督管理，定期进行检查，发现问题及时督促整改。

二、分级分类

根据隐患的危害程度，隐患分为重大隐患、较大隐患、一般隐患三个等级。

（1）重大隐患主要包括可能导致以下后果的安全隐患：

1）一至四级人身、电网、设备事件；

2）五级信息系统事件；

3）水电站大坝溃决、漫坝事件；

4）一般及以上火灾事故；

5）违反国家、行业安全生产法律法规的管理问题。

（2）较大隐患主要包括可能导致以下后果的安全隐患：

1）五至六级人身、电网、设备事件；

2）六至七级信息系统事件

3）其他对社会及公司造成较大影响的事件；

4）违反省级地方性安全生产法规和公司安全生产管理规定的管理问题。

（3）一般隐患主要包括可能导致以下后果的安全隐患：

1）七至八级人身、电网、设备事件；

2）八级信息系统事件；

3）违反省公司级单位安全生产管理规定的管理问题。

上述人身、电网、设备和信息系统事件，依据《国家电网有限公司安全事故调查规程》（国家电网安监〔2020〕820号）认定。火灾事故等依据国家有关规定认定。

根据隐患产生原因和导致事故（事件）类型，隐患分为系统运行安全隐患、设备设施安全隐患、人身安全隐患、网络安全隐患、消防安全隐患、大坝安全隐患、安全管理隐患和其他安全隐患八类。

三、隐患标准

（1）公司总部以及省、市公司级单位应分级分类建立隐患排查标准，明确隐患排查内容、排查方法和判定依据，指导从业人员准确判定、及时整改安全隐患。

（2）隐患排查标准编制应依据安全生产法律法规和规章制度，结合公司反事故措施和安全事故（事件）暴露的典型问题，确保内容具体、依据准确、责任明确。

（3）隐患排查标准编制应坚持"谁主管、谁编制""分级编制、逐级审查"的原则，各级安委办负责制定隐患排查标准编制规范，各级专业部门负责本专业排查标准编制。

1）公司总部组织编制重大隐患标准和较大隐患通用标准，并对下级单位较大隐患标准进行指导审查。

2）省公司级单位补充完善较大隐患排查标准，组织编制一般隐患通用标准，并对下级单位一般隐患标准进行指导审查。

3）地市公司级单位补充完善一般隐患排查标准，形成覆盖各专业、各等级的安全隐患排查标准。

（4）各专业隐患排查标准编制完成后，由本单位安委办负责汇总、审查，经本单位安委会审议后，以正式文件发布。

（5）各级专业部门应将隐患排查标准纳入安全培训计划，逐级开展培训，指导从业人员准确掌握隐患排查内容、排查方法，提高全员隐患排查发现能力。

（6）隐患排查标准实行动态管理，各级单位应每年对隐患排查标准的针对性、有效性进行评估，结合安全生产法律法规、规章制度"立改废释"，以及安全事故（事件）暴露的问题滚动修订，每年3月底前更新发布。

四、隐患排查

（1）各级单位应在每年6月底前，对照隐患排查标准，组织开展一次涵盖安全生产各领域、各专业、各环节的安全隐患全面排查。各级专业部门应加强本专业隐患排查工作指导，对于专业性较强、复杂程度较高的隐患必要时组织专业技术人员或专家开展诊断分析。

（2）针对排查发现的安全隐患，隐患所在工区、班组应依据隐患排查标准进行初步评估定级，利用公司安全隐患管理信息系统建立档案（重大、较大、一般隐患排查治理档案表，形成本工区、班组安全隐患数据库，并汇总上报至相关专业部门。

（3）各相关专业部门收到安全隐患报送信息后，应对照安全隐患排查标准，组织对本专业安全隐患进行专业审查，评估认定隐患等级，形成本专业安全隐患数据库。一般隐患由县公司级单位评估认定，较大隐患由市公司级单位评估认定，重大隐患由省公司级单位评估认定。

（4）各级安委办对各专业安全隐患数据库进行汇总、复核，经本单位安委会审议后，报上级单位审查。

1）市公司级单位安委会审议基层单位和本级排查发现的安全隐患，对一般隐患审议后反馈至隐患所在单位，对较大及以上隐患报省公司级单位审查。

2）省公司级单位安委会审议地市公司级单位和本级排查发现的安全隐患，对较大隐患审议后反馈至隐患所在单位，对重大隐患报公司总部审查。

3）公司总部安委会审议省公司级单位和本级排查发现的安全隐患，对重大隐患审议后反馈至隐患所在单位。

（5）对于6月份全面排查周期结束后出现的隐患，各单位应结合日常巡视、季节性检查等，开展常态化排查。

（6）对于国家、行业及地方政府部署开展的安全生产专项行动，各单位应在现行隐患排查标准的基础上，补充相关排查条款，开展针对性排查。

（7）对于公司系统安全事故（事件）暴露的典型问题和家族性隐患，各单位应举一反三开展事故类比排查。

（8）各单位应在上半年全面排查和逐级审查基础上，分层分级建立本单位安全隐患数据库，并结合日常排查、专项排查和事故类比排查滚动更新。

五、隐患治理

（1）隐患一经确定，隐患所在单位应立即采取防止隐患发展的安全控制措施，并根据隐患具体情况和紧急程度，制定治理计划，明确治理单位、责任人和完成时限，限期完成治理，做到责任、措施、资金、期限和应急预案"五落实"。

（2）各级专业部门负责组织制定本专业隐患治理方案或措施，重大隐患由省公司级单位制定治理方案，较大隐患由市公司级单位制定治理方案或治理措施，一般隐患由县公司级单位制定治理措施。

（3）各级安委会应及时协调解决隐患治理有关事项，对需要多专业协同治理的明确治理责任、措施和资金，对于需要地方政府部门协调解决的应及时报告政府有关部门，对于超出本单位治理能力的应及时报送上级单位协调治理。

（4）各级单位应将隐患治理所需项目、资金作为项目储备的重要依据，纳入综合计划和预算优先安排。公司总部及省、地市公司级单位应建立隐患治理绿色通道，对计划和预算外急需实施治理的隐患，及时调剂和保障所需资金和物资。

（5）隐患所在单位应结合电网规划、电网建设、技改大修、检修运维、规章制度"立改废释"等及时开展隐患治理，各专业部门应加强专业指导和督导检查。

（6）对于重大隐患治理完成前或治理过程中无法保证安全的，应从危险区域内撤出相关人员，设置警戒标志，暂时停工停产或停止使用相关设备设施，并及时向政府有关部门报告；治理完成并验收合格后方可恢复生产和使用。

（7）对于因自然灾害可能引发事故灾难的隐患，所属单位应当按照有关规定进行排查治理，采取可靠的预防措施，制定应急预案。在接到有关自然灾害预报时，应当及时发出预警通知；发生自然灾害可能危及人员安全的情况时，应当采取停止作业、撤离人员、加强监测等安全措施。

（8）各级安委办应开展隐患治理挂牌督办，公司总部挂牌督办重大隐患，省公司级单位挂牌督办较大隐患，市公司级单位挂牌督办治理难度大、周期长的一般隐患。

（9）隐患治理完成后，隐患治理单位在自验合格的基础上提出验收申请，相关专业部门应在申请提出后一周内完成验收，验收合格报本单位安委办予以销号，不合格重新组织治理。

1）重大隐患治理结果由省公司级单位组织验收，结果向国网安委办和相关专业部门报告。

2）较大隐患治理结果由地市公司级单位组织验收，结果向省公司安委办和相关专业部门报告。

3）一般隐患治理结果由县公司级单位组织验收，结果向地市公司级安委办和相关专业部门报告。

4）涉及国家、行业监管部门、地方政府挂牌督办的重大隐患，在治理工作结束后，应及时将有关情况报告相关政府部门。

（10）各级安委办应组织相关专业部门定期向安委会汇报隐患治理情况，对于共性问题和突出隐患，深入分析隐患成因，从管理和技术上制定防范措施，从源头抑制隐患增量。各级单位应运用安全隐患管理信息系统，现隐患排查治理工作全过程记录和"一患一档"管理。重大隐患相关文件资料应及时向本单位档案管理部门移交归档。

（11）隐患档案应包括隐患简题、隐患内容、隐患编号、隐患所在单位、专业分类、归属部门、评估定级、治理期限、资金落实、治理完成情况等。隐患排查治理过程中形成的会议纪要、正式文件、治理方案、应急预案、验收报告等应归入隐患档案。

（12）各级单位应将隐患排查治理情况如实记录，并通过职工大会或者职工代表大会、信息公示栏等方式向从业人员通报。各级单位应在月度安全生产会议上通报本单位隐患排查治理情况，各班组应在安全日活动上通报本班组隐患排查治理情况。

（13）各级单位应建立隐患季度分析、年度总结制度，各级专业部门应定期向本级安委办报送专业隐患排查治理工作，省公司级安委办每季度末月 20 日前向公司总部报送季度工作总结，次年 1 月 5 日前通过公文报送上年度工作总结。各级安委办按规定向国家能源局及其派出机构、地方政府有关部门报告安全隐患统计信息和工作总结。各级单位应做好沟通协调，确保报送数据的准确性和一致性。

六、重大隐患管理

（1）重大隐患应执行即时报告制度，各单位评估为重大隐患的，应于 2 个工作日内报公司总部相关专业部门及国网安委办，并向所在地区政府安全监管部门和电力安全监管机构报告。重大隐患报告内容应包括隐患的现状及其产生原因、隐患的危害程度和整改难易程度分析、隐患治理方案。

（2）重大隐患应制定治理方案。重大隐患治理方案应包括治理目标和任务、采取方法和措施、经费和物资落实、负责治理的机构和人员、治理时限和要求、防止隐患进一步发展的安全措施和应急预案等。

（3）重大隐患治理应执行"两单一表"（签发督办单、制定管控表和上报反馈单）制度，实现闭环监管。

1）签发安全督办单。国网安委办获知或直接发现所属单位存在重大隐患的，由安委办主任或副主任签发安全督办单，对省公司级单位整改工作进行全程督导。

2）制定过程管控表。省公司级单位在接到督办单10日内，编制安全整改过程管控表，明确整改措施、责任单位（部门）和计划节点，由安委会主任签字、盖章后报国网安委办备案，国网安委办按照计划节点进行督导。

3）上报整改反馈单。省公司级单位完成整改后5日内，填写安全整改反馈单，并附佐证材料，由安委会主任签字、盖章后报国网安委办备案。

（4）各级单位重大隐患排查治理情况应及时向政府负有安全生产监督管理职责的部门和本单位职工大会或职工代表大会报告。

七、监督考核

（1）各级安委办应建立隐患排查治理工作评价标准，对所属单位隐患标准针对性、排查全面性、评估准确性、立项及时性、治理有效性进行评价，逐月发布通报，并将结果纳入安全工作考核。

（2）各级安委办应综合利用安全隐患管理信息系统、安全管控中心、现场实地检查等手段，对所属单位隐患排查、评估、立项、治理、验收全过程实行监督管理。

1）对隐患排查不细致、防控不到位、整改不及时以及瞒报重大隐患的单位给予通报，必要时开展安全警示约谈。

2）对有排查标准但未有效发现安全隐患的，对重大、较大隐患分别按照五级、七级安全事件对相关责任单位进行惩处，对重复发生的提级惩处。

3）对因隐患排查治理不到位导致安全事故（事件）发生的，要全面倒查隐患排查治理各环节责任落实情况，严肃追究相关单位及人员责任。

（3）各级单位应建立隐患排查治理激励机制，对在隐患排查治理工作中作出突出贡献的个人、单位给予通报表扬或奖励，相关费用从各单位安全生产专项奖中列支，各级安委办组织对所属单位奖励事项进行审查。

1）及时排查发现隐患排查标准之外的安全隐患。

2）及时完成重大隐患治理、有效避免事故发生。

3）及时排查治理典型性、家族性隐患，或隐患排查治理技术方法取得创新突破得到上级认可推广。

4）及时排查发现常规方法（手段）不易发现的隐蔽性安全隐患。

第二节　常见隐患排查治理

为进一步指导基层单位更好开展隐患排查治理工作，本节结合输电专业的特点通过隐患举例，让各级人员初步具备辨识隐患、填报隐患的能力。同时对隐患的填报进行简要介绍。

一、隐患档案

分部、省、地市和县公司级单位应运用安全隐患管理信息系统，做到"一患一档"。

隐患档案应包括隐患简题、隐患来源、隐患编号、隐患所在单位、专业分类、隐患发现人、发现人单位、发现日期、隐患内容及原因、归属职能部门、评估等级、整改期限、整改完成情况等。隐患排查治理过程中形成的传真、会议纪要、正式文件、治理方案、验收报告等也应归入隐患档案。

1. 隐患简题内容填写要求

隐患简题作为隐患档案的标题，做到文字简洁、表达恰当、描述准确、内容全面。简题中应包含单位名称（地市公司、县公司简称）＋发现时间＋电压等级＋设备（或线路）名称＋隐患地点、部位（要写具体）＋隐患简况【注：写隐患现状与标准之间的差异，要写精确，能够与同类隐患区分】。所在单位不得混淆。

2. 隐患内容填写要求

（1）【基本信息】国网××供电有限公司××月××日，××在××过程中。

（2）【隐患现状】发现××存在××的现象。

（3）【违反条例】不满足《×××规程》（编号××）第××条"××"的规定内容。

（4）【后果分析】若××可能导致××发生。

（5）【定级依据】按照《国家电网公司事故调查规程》（2021版）第××规定："××"，构成××级××事件（5～8级人身事件不出现等级）。

（6）【定性依据】按照《国家电网公司安全隐患排查治理管理办法》规定：××事件定性为××。

隐患排查治理档案表如表4−1～表4−3所示。

表 4-1　　　　　　　　　　重大事故隐患排查治理档案表

××××年度　　　　　　　　　　　　　　　　　　　　　　　　　　　　××公司

排查	隐患简题				隐患来源	
	隐患编号		隐患所在单位		专业分类	
	隐患发现人		发现人单位		发现日期	
	隐患内容及原因					
预评估	隐患危害程度（可能导致后果）				归属职能部门	
	预评估等级		预评估负责人签名/日期		县公司级单位（工区）审核签名/日期	
评估	评估等级		评估负责人签名/日期		地市公司级单位领导审核签名/日期	
核定	省公司级单位核定意见				职能部门负责人签名/日期	
治理	治理责任单位		治理期限		自　　年　月　日至　　年　月　日	
	安全第一责任人		联系电话			
	整改负责人		联系电话			
	是否计划外项目		是否完成计划外备案手续			
	治理目标任务是/否落实		治理经费物资是/否落实			
	治理时间要求是/否落实		治理机构人员是/否落实			
	安全措施应急预案是/否落实		累计完成治理资金（万元）			
	治理计划或治理方案（防控、整改措施和应急预案）					
	治理完成情况					
验收	验收申请单位			负责人		日期
	验收组织单位					
	验收意见和结论					
	验收组长		日期			

注　1. 安全隐患按发现顺序编号，格式为单位汉字名称简写+年号（4位）+顺序号（4位）。县公司级单位汉字名称简写前应加所在城市名称简称。

　　2. 本表由安全隐患所在单位负责填写、流转和管理，验收后报安全监察部门建档。

表 4-2　　　　　　　　　　　　较大事故隐患排查治理档案表

××××年度　　　　　　　　　　　　　　　　　　　　　　　　　××公司

<table>
<tr><td rowspan="4">排查</td><td>隐患简题</td><td colspan="3"></td><td>隐患来源</td><td></td></tr>
<tr><td>隐患编号</td><td></td><td>隐患所在单位</td><td></td><td>专业分类</td><td></td></tr>
<tr><td>隐患发现人</td><td></td><td>发现人单位</td><td></td><td>发现日期</td><td></td></tr>
<tr><td>隐患内容
及原因</td><td colspan="5"></td></tr>
<tr><td rowspan="2">预评估</td><td>隐患危害程度
（可能导致后果）</td><td colspan="3"></td><td>归属职能
部门</td><td></td></tr>
<tr><td>预评估等级</td><td></td><td>县公司级单位
预评估负责人
签名</td><td></td><td>日期</td><td></td></tr>
<tr><td>评估</td><td>评估等级</td><td></td><td>地市公司级
评估负责人
签名</td><td></td><td>日期</td><td></td></tr>
<tr><td rowspan="7">治理</td><td>治理责任单位</td><td></td><td>治理期限</td><td colspan="3">自 年 月 日至 年 月 日</td></tr>
<tr><td>安全第一责任人</td><td></td><td>联系电话</td><td colspan="3"></td></tr>
<tr><td>整改负责人</td><td></td><td>联系电话</td><td colspan="3"></td></tr>
<tr><td>是否计划外项目</td><td></td><td colspan="2">是否完计划外备案手续</td><td colspan="2"></td></tr>
<tr><td>治理计划
（防控、整改措施
和应急预案）</td><td colspan="5"></td></tr>
<tr><td>治理完成情况</td><td colspan="5"></td></tr>
<tr><td rowspan="4">验收</td><td>验收申请单位</td><td></td><td>负责人</td><td></td><td>日期</td><td></td></tr>
<tr><td>验收组织单位</td><td colspan="5"></td></tr>
<tr><td>验收意见和结论</td><td colspan="5"></td></tr>
<tr><td>验收组长</td><td></td><td>日期</td><td colspan="3"></td></tr>
</table>

注　1. 安全隐患按发现顺序编号，格式为单位汉字名称简写+年号（4位）+顺序号（4位）。县公司级
　　　单位汉字名称简写前应加所在城市名称简称。
　　2. 本表由安全隐患所在单位负责填写、流转和管理，验收后报安全监察部门建档。

表 4-3　　　　　　　　　　　　一般事故隐患排查治理档案表

××××年度　　　　　　　　　　　　　　　　　　　　　　　　××公司

排查	隐患简题				隐患来源	
	隐患编号		隐患所在单位		专业分类	
	隐患发现人		发现人单位		发现日期	
	隐患内容及原因					
预评估	隐患危害程度（可能导致后果）				归属职能部门	
	预评估等级		预评估负责人签名		日期	
评估	评估等级		县公司级单位评估负责人签名		日期	
治理	治理责任单位		治理期限		自　年　月　日至　年　月　日	
	安全第一责任人			联系电话		
	整改负责人			联系电话		
	治理计划（防控、整改措施和应急预案）					
	治理完成情况					
验收	验收申请单位			负责人		日期
	验收组织单位					
	验收意见和结论					
	验收组长			日期		

注　1. 安全隐患按发现顺序编号，格式为单位汉字名称简写+年号（4位）+顺序号（4位）。县公司级单位汉字名称简写前应加所在城市名称简称。

　　2. 本表由安全隐患所在单位负责填写、流转和管理，验收后报安全监察部门建档。

二、输电专业常见隐患举例

1. 输电专业常见隐患

（1）输电线路：塔路矛盾；交叉跨越隐患；线路对地距离；安全标志标识。

（2）输电电缆：老旧设备；电缆沟道、隧道；电缆终端和中间接头。

（3）输电设备：防误装置；设备装置。

（4）外部环境：树线矛盾；违章建筑；地质灾害；违章施工。

（5）设计类：与燃气管线、国防光缆距离不满足要求。

（6）管理类：规章制度修编不及时。

（7）输电运行：外力破坏。

2. 安全隐患填报举例

（1）电缆终端设备装置隐患。

隐患简题：国网某公司电缆运检中心 1 月 17 日，发现 110kV 某 1860 线电缆终端接地箱 B 相接地缆松动脱落，存在设备设施隐患。

事故隐患内容：国网某公司电缆运检中心员工 1 月 17 日进行×工程附件旁站工作时，发现 110kV 某 1860 线电缆终端接地箱 B 相接地缆松动脱落。不符合《电力电缆及通道运维规程》（Q/GDW 1512—2014）7.3.2 "电缆巡视检查的要求及内容按照表 7 执行，并按照附录 I 中规定的缺陷分类及判断依据上报缺陷"，电缆巡视检查的要求及内容表 7 中规定："附件—接地装置：d）接地类设备与接地箱接地母排及接地网是否连接可靠，是否松动、断开。"如果该现象存在未及时消缺，可能造成 110kV 某 1860 线电缆被迫停运，并造成减供负荷 0.75MW。根据《国家电网公司安全事故调查规程（2021 版）》第二节第 2.2.7.1 条 "35kV 以上输变电设备异常运行或被迫停止运行，并造成减供负荷者"，可能造成七级电网事件。根据《国家电网公司安全隐患排查治理管理办法》规定，七级电网事件定性为一般隐患。

（2）输电线路设备装置隐患。

隐患简题：国网某公司输电运检中心 3 月 3 日发现 220kV 某 4R17 线 39 号杆塔地线挂点螺栓快要脱出，可能造成 220kV 线路发生掉串跳闸事故隐患。

事故隐患内容：国网某公司输电运检中心输电运维一班运行人员 3 月 3 日在日常无人机精细化巡视中，发现 220kV 某 4R17 线 39 号杆塔地线挂点螺栓快要脱出。不符合《架空输电线路运行规程》（DL/T 741—2019）中 5.4.8 "接续金具不应出现螺栓扭矩值未达到相应规格螺栓扭紧力矩"。该处螺栓为单挂点，如果不及时处理，可能发生掉串甚至跳闸事故造成严重后果。按照《国家电网公司安全事故调查规程（2021 版）》第 4.3.7.2（7）"220kV 以上 500kV 以下交流或±400kV 以下直流输电线路（含地线）断线、掉线、掉串；或塔身、基础受损影响线路运行"，可能造成七级设备事件。根据《国家电网公司安全隐患排查治理管理办法》规定，七级设备事件定性为一般隐患。

（3）外力破坏隐患。

隐患简题：国网某公司输电运检中心 4 月 7 日，发现 500kV 某 5403 线 8～9 号通道存在吊机吊装外破的安全隐患。

事故隐患内容：国网某公司 2022 年 4 月 7 日，输电运检中心输电运维一班运行人员在工作结束回单位途中路过 500kV 某 5401 线时发现通道下方有吊机在施工，吊机吊臂距离导线不足 8m，存在现场吊臂高度与导线安全距离不符要求，不满足《国家电网公司安全电力工作规程线路部分》（Q/GDW 1799.2—2013）中 14.2.11.4 条"作业时，起重机臂架、吊具、辅具、钢丝绳及吊物等与 500kV 架空输电线及其他带电体的最小安全距离不准小于 8.5m，且应设专人监护"的规定内容。若与带电导线安全距离不足有可能造成在吊机施工人员施工碰触导线或距离不足形成放电通道，极易引发线路接地、短路跳闸事故的发生。按照《国家电网有限公司安全事故调查规程（2021 年版）》4.3.7.2（8）条"500kV 以上线路跳闸，重合不成功"，构成七级设备事件。按照《国家电网公司安全隐患排查整治管理办法》规定，七级设备事件定性为一般安全隐患。

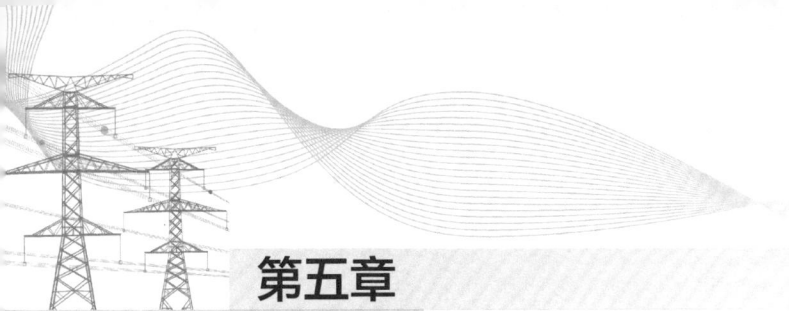

第五章

生产现场的安全设施

安全设施是指在生产现场经营活动中将危险因素、有害因素控制在安全范围内以及预防、减少、消除危害所设置的安全标志、设备标志、安全警示线、安全防护设施等的统称。电力线路生产活动所涉及的场所、设备（设施）、检修施工等特定区域以及其他有必要提醒人们注意安全的场所，应配置使用标准化的安全设施。

安全设施的配置要求：

（1）安全设施应清晰醒目、规范统一、安装可靠、便于维护，适应使用环境要求。

（2）安全设施所用的颜色应符合《安全色》（GB 2893—2008）的规定。

（3）电力线路杆塔应标明线路名称、杆（塔）号、色标，并在线路保护区内设置必要的安全警示标志。

（4）电力线路一般应采用单色色标，线路密集地区可采用不同颜色的色标加以区分。

（5）安全设施设置后，不应构成对人身伤害、设备安全的潜在风险或妨碍正常工作。

第一节 安 全 标 志

安全标志是指用以表达特定安全信息的标志，由图形符号、安全色、几何形状（边框）和文字构成。安全标志分禁止标志、警告标志、指令标志、提示标志四大基本类型和消防、道路安全标志等特定类型。

一、一般规定

（1）安全标志一般使用相应的通用图形标志和文字辅助标志的组合标志。

（2）安全标志一般采用标志牌的形式，宜使用衬边，以使安全标志与周围环境之间形成较为强烈的对比。

（3）安全标志牌应设在与安全有关场所的醒目位置，便于走近电力线路或进入电缆隧道的人们看见，并有足够的时间来注意它所表达的内容。环境信息标志宜设在有关场所的入口处和醒目处；局部环境信息应设在所涉及的相应危险地点或设备（部件）的醒目处。

（4）安全标志牌不宜设在可移动的物体上，以免标志牌随母体物体相应移动，影响认读。标志牌前不得放置妨碍认读的障碍物。

（5）多个标志在一起设置时，应按照警告、禁止、指令、提示类型的顺序，先左后右、先上后下地排列，且应避免出现相互矛盾、重复的现象。也可以根据实际，使用多重标志。

（6）安全标志牌的固定方式分附着式、悬挂式和柱式。附着式和悬挂式的固定应稳固不倾斜，柱式的标志牌和支架应连接牢固。临时标志牌应采取防止倾倒、脱落、移位措施。

（7）安全标志牌应设置在明亮的环境中。

（8）安全标志牌设置的高度尽量与人眼的视线高度相一致，悬挂式和柱式的环境信息标志牌的下缘距地面的高度不宜小于 2m，局部信息标志的设置高度应视具体情况确定。

（9）安全标志牌应定期检查，如发现破损、变形、褪色等不符合要求时，应及时修整或更换。修整或更换时，应有临时的标志替换，以避免发生意外伤害。

（10）电缆隧道入口，应根据电压等级等具体情况，在醒目位置按配置规范设置相应的安全标志牌。如"当心触电""当心中毒""未经许可 不得入内""禁止烟火""注意通风""必须戴安全帽"等。

（11）电力线路杆塔，应根据电压等级、线路途经区域等具体情况，在醒目位置按配置规范设置相应的安全标志牌。如"禁止攀登 高压危险"等。

（12）在人口密集或交通繁忙区域施工，应根据环境设置必要的交通安全标志。

二、禁止标志设置规范

禁止标志是指禁止或制止人们不安全行为的图形标志。常用禁止标志名称、图形标志示例及设置规范见表5-1。

表5-1　　　　　　　常用禁止标志名称、图形标志示例及设置规范

序号	名称	图形标志示例	设置范围和地点
1	禁止吸烟	 禁止吸烟	电缆隧道出入口、电缆井内、检修井内、电缆接续作业的临时围栏等处
2	禁止烟火	 禁止烟火	电缆隧道出入口等处
3	禁止跨越	 禁止跨越	不允许跨越的深坑（沟）等危险场所、安全遮栏等处
4	禁止停留	 禁止停留	高处作业现场、吊装作业现场等处
5	未经许可　不得入内	 未经许可　不得入内	易造成事故或对人员有伤害的场所，如电缆隧道入口处
6	禁止通行	 禁止通行	有危险的作业区域入口处或安全遮栏等处

续表

序号	名称	图形标志示例	设置范围和地点
7	禁止堆放		消防器材存放处、消防通道等处
8	禁止合闸　线路有人工作		线路断路器和隔离开关把手上
9	禁止攀登　高压危险		线路杆塔下部，距地面约 3m 处
10	禁止开挖　下有电缆		禁止开挖的地下电缆线路保护区内
11	禁止在高压线下钓鱼		跨越鱼塘线路下方的适宜位置
12	禁止取土		线路保护区内杆塔、拉线附近适宜位置
13	禁止在高压线附近放风筝		经常有人放风筝的线路附近适宜位置

续表

序号	名称	图形标志示例	设置范围和地点
14	禁止在保护区内建房		线路下方及保护区内
15	禁止在保护区内植树		线路电力设施保护区内植树严重地段
16	禁止在保护区内爆破		线路途经石场、矿区等
17	线路保护警示牌		对应装设易发生外力破坏的线路保护区内

三、警告标志设置规范

警告标志是指提醒人们对周围环境引起注意，以避免可能发生危险的图形标志。常用警告标志、图形标志示例及设置规范见表 5−2。

表 5−2　　　常用警告标志、图形标志示例及设置规范

序号	名称	图形标志示例	设置范围和地点
1	注意安全		易造成人员伤害的场所及设备处

续表

序号	名称	图形标志示例	设置范围和地点
2	注意通风	注意通风	电缆隧道入口等处
3	当心火灾	当心火灾	易发生火灾的危险场所，如电气检修试验、焊接及有易燃易爆物质的场所
4	当心爆炸	当心爆炸	易发生爆炸危险的场所，如易燃易爆物质的使用或受压容器等地点
5	当心中毒	当心中毒	可能产生有毒物质的电缆隧道等地点
6	当心触电	当心触电	有可能发生触电危险的电气设备和线路
7	当心电缆	当心电缆	暴露的电缆或地面下有电缆处施工的地点
8	当心机械伤人	当心机械伤人	易发生机械卷入、轧压、碾压、剪切等机械伤害的作业地点
9	当心伤手	当心伤手	易造成手部伤害的作业地点，如机械加工工作场所等

续表

序号	名称	图形标志示例	设置范围和地点
10	当心扎脚	当心扎脚	易造成脚部伤害的作业地点，如施工工地及有尖角散料等处
11	当心吊物	当心吊物	有吊装设备作业的场所，如施工工地等处
12	当心坠落	当心坠落	在易发生坠落事故的作业地点，如脚手架、高处平台、地面的深沟（池、槽）等处
13	当心落物	当心落物	易发生落物危险的地点，如高处作业、立体交叉作业的下方等处
14	当心坑洞	当心坑洞	生产现场和通道临时开启或挖掘的孔洞四周的围栏等处
15	当心弧光	当心弧光	易发生由于弧光造成眼部伤害的各种焊接作业场所等处
16	当心车辆	当心车辆	施工区域内车、人混合行走的路段，道路的拐角处、平交路口，车辆出入较多的施工区域出入口处
17	当心滑跌	当心滑跌	地面有易造成伤害的滑跌地点，如地面有油、冰、水等物质及滑坡处

续表

序号	名称	图形标志示例	设置范围和地点
18	止步高压危险		带电设备固定遮栏上，高压试验地点安全围栏上，因高压危险禁止通行的过道上，工作地点临近室外带电设备的安全围栏上等处

四、指令标志设置规范

指令标志是指强制人们必须做出某种动作或采用防范措施的图形标志。常用指令标志、图形标志示例及设置规范见表 5 – 3。

表 5 – 3　　　　　常用指令标志、图形标志示例及设置规范

序号	名称	图形标志示例	设置范围和地点
1	必须戴防护眼镜		对眼睛有伤害的作业场所，如机械加工、各种焊接等场所
2	必须戴安全帽		生产现场主要通道入口处，如电缆隧道入口、线路检修现场等可能产生高处落物的场所
3	必须戴防护手套		易伤害手部的作业场所，如具有腐蚀、污染、灼烫、冰冻及触电危险的作业等处
4	必须穿防护鞋		易伤害脚部的作业场所，如具有腐蚀、灼烫、触电、砸（刺）伤等危险的作业地点

续表

序号	名称	图形标志示例	设置范围和地点
5	必须系安全带	必须系安全带	易发生坠落危险的作业场所，如高处作业现场

五、提示标志设置规范

提示标志是指向人们提供某种信息（如标明安全设施或场所等）的图形标志。常用提示标志、图形标志示例及设置规范见表5−4。

表5−4　　　　常用提示标志、图形标志示例及设置规范

序号	名称	图形标志示例	设置范围和地点
1	从此上下	从此上下	工作人员可以上下的铁（构）架、爬梯上
2	从此进出	从此进出	户外工作地点围栏的出入口处
3	在此工作	在此工作	在工作地点处

六、消防安全标志设置规范

消防安全标志是指用以表达与消防有关的安全信息，由安全色、边框、以图像为主要特征的图形符号或文字构成的标志。

在电缆隧道入口处以及储存易燃易爆物品仓库门口处应合理配置灭火器等消防器材，在火灾易发生部位应设置火灾探测和自动报警装置。

各生产场所应有逃生路线的标示，楼梯主要通道门上方或左（右）侧装设紧急撤离提示标志。

常用消防安全标志、图形标志示例及设置规范见表 5-5。

表 5-5　　　　　　常用消防安全标志、图形标志示例及设置规范

序号	名称	图形标志示例	设置范围和地点
1	消防手动启动器		依据现场环境，设置在适宜、醒目的位置
2	火警电话		依据现场环境，设置在适宜、醒目的位置
3	消火栓箱		生产场所构筑物内的消火栓处
4	灭火器		悬挂在灭火器、灭火器箱的上方或存放灭火器、灭火器箱的通道上，泡沫灭火器器身上应标注"不适用于电火"字样
5	消防水带		指示消防水带、软管卷盘或消火栓箱的位置
6	灭火设备或报警装置的方向		指示灭火设备或报警装置的方向

续表

序号	名称	图形标志示例	设置范围和地点
7	疏散通道方向		指示到紧急出口的方向，用于电缆隧道指向最近出口处
8	紧急出口		便于安全疏散的紧急出口处，与方向箭头结合设在通向紧急出口的通道、楼梯口等处
9	从此跨越		悬挂在横跨桥栏杆上，面向人行横道

七、道路标志设置规范

根据《线路安规》规定，对于电力线路跨越道路或占道施工以及道路开挖施工作业，必须在不同部位设置道路警示标志牌和警示标志。具体规定如下：

（1）在居民区及交通道路附近开挖的基坑，应设坑盖或可靠遮栏，加挂警告标示牌，夜间挂红灯。

（2）立、撤杆应设专人统一指挥。开工前，应交待施工方法、指挥信号和安全组织、技术措施，作业人员应明确分工、密切配合、服从指挥。在居民区和交通道路附近立、撤杆时，应具备相应的交通组织方案，并设警戒范围或警告标志，必要时派专人看守。

（3）交叉跨越各种线路、铁路、公路、河流等放、撤线时，应先取得主管部门同意，做好安全措施，如搭好可靠的跨越架、封航、封路、在路口设专人持信号旗看守等。

（4）各类交通道口的跨越架的拉线和路面上部封顶部分，应悬挂醒目的警告标示牌。

（5）在进行高处作业时，除有关人员外，不准他人在工作地点的下面通行或逗留，工作地点下面应有围栏或装设其他保护装置，防止落物伤人。如在格栅式的平台上工作，为了防止工具和器材掉落，应采取有效隔离措施，如铺设木板等。

（6）高处作业区周围的孔洞、沟道等应设盖板、安全网或围栏并有固定其位置的措施。同时，应设置安全标志，夜间还应设红灯示警。

（7）在市区或人口稠密的地区进行带电作业时，工作现场应设置围栏，派专人监护，禁止非工作人员入内。

（8）在带电设备区域内使用汽车吊、斗臂车时，车身应使用不小于 $16mm^2$ 的软铜线可靠接地。在道路上施工应设围栏，并设置适当的警示标志牌。

（9）掘路施工应具备相应的交通组织方案，做好防止交通事故的安全措施。施工区域应用标准路栏等严格分隔，并有明显标记，夜间施工应佩戴反光标志，施工地点应加挂警示灯，以防行人或车辆等误入。

《中华人民共和国道路交通安全法》中关于设置道路警示标志牌和警示标志的相关规定如下：

（1）因工程建设需要占用、挖掘道路，或者跨越、穿越道路架设、增设管线设施时，应当事先征得道路专管部门的同意；影响交通安全的，还应当征得公安机关交通管理部门的统一。施工作业单位应当经批准的路段和时间内施工作业，并在距离施工作业地点来车方向安全距离处设置明显的安全警示标志，采取防护措施；施工作业完毕，应当迅速清除道路上的障碍物，消除安全隐患，经道路主管部门和公安机关交通管理部门验收合格，符合通行要求后，方可恢复通行。对未中断交通的施工作业道路，公安机关交通管理部门应当加强交通安全监督检查，维护道路交通秩序。

（2）电力企业施工、检修单位在跨越道路和在道路上占道施工，为防止后来的车辆及时发现避免发生碰撞事故，必须在施工地段的两侧足够安全的距离内设置警示牌，如图 5-1 所示。

图 5-1　电力施工道路警示牌

设置道路警示牌具体要求如下：

（1）在高速公路上警示牌应当设置在来车方向 150m 以外。如遇下雨天或拐弯处，则应当在 200m 以外设置警示牌，方能让后方车辆及早发现和慢速通行。

（2）在城市路面和普通公路上，警示牌应当设置在来车方向 50m 以外。

第二节　设　备　标　志

设备标志是指用以标明设备名称、编号等特定信息的标志，由文字和（或）图形构成。

一、一般规定

（1）电力线路应配置醒目的标志。配置标志后，不应构成对人身伤害的潜在风险。

（2）设备标志由设备编号和设备名称组成。

（3）设备标志应定义清晰，能够准确反映设备的功能、用途和属性。

（4）同一单位每台设备标志的内容应是唯一的，禁止出现两个或多个内容完全相同的设备标志。

（5）配电变压器、箱式变压器、环网柜、柱上断路器等配电装置，应设置按规定命名的设备标志。

二、架空线路标志设置规范

（1）线路每基杆塔均应配置标志牌或涂刷标志，标明线路的名称、电压等级和杆塔号。新建线路杆塔号应与杆塔数量一致。若线路改建，改建线路段的杆塔号可采用"$n+1$"或"$n-1$"（n为改建前的杆塔编号）形式。

（2）耐张型杆塔、分支杆塔和换位杆塔前后各一基杆塔上，应有明显的相位标志。相位标志牌基本形式为圆形，标准颜色为黄色、绿色、红色。

（3）在杆塔适当位置宜喷涂线路名称和杆塔号，以在标志牌丢失情况下仍能正确辨识杆塔。

（4）杆塔标志牌的基本形式一般为矩形，白底，红色黑体字，安装在杆塔的小号侧；特殊地形的杆塔，标志牌可悬挂在其他的醒目方位上。

（5）同杆塔架设的双（多）回线路应在横担上设置鲜明的异色标志加以区分。各回路标志牌底色应与本回路色标一致，白色黑体字（黄底时为黑色黑体字）。色标颜色按照红黄绿蓝白紫排列使用。

（6）同杆架设的双（多）回路标志牌应在每回路对应的小号侧安装，特殊情况可在回路对应的杆塔两侧面安装。

（7）110kV及以上电压等级线路悬挂高度距地面5～12m，涂刷高度距地面3m；110kV及以下电压等级线路悬挂高度距地面3～5m，涂刷高度距地面3m。

三、电缆线路标志设置规范

（1）电缆线路均应配置标志牌，标明线路的名称、电压等级、型号、长度、起止变电站名称。

（2）电缆标志牌的基本形式是矩形，白底，红色黑体字。

（3）电缆两端及隧道内应悬挂标志牌。隧道内标志牌间距约为100m，电缆转角处也应悬挂。与架空线路相连的电缆，其标志牌固定于连接处附近的本电缆上。

（4）电缆接头盒应悬挂标明电缆编号、始点、终点及接头盒编号的标志牌。

（5）电缆为单相时，应注明相位标志。

（6）电缆应设置路径、宽度标志牌（桩）。城区直埋电缆可采用地砖等形式，以满足城市道路交通安全要求。

设备标志名称、图形标志示例及设置规范见表5-6。

表5-6　　　　　　　设备标志名称、图形标志示例及设置规范

序号	名称	图形标志示例	设置范围和地点
1	单回路杆号标志牌	500kV××线 001号	安装在杆塔的小号侧，特殊地形的杆塔，标志牌可悬挂在其他的醒目方位上
2	双回路杆号标志牌	500kV××Ⅰ线 001号 500kV××Ⅱ线 001号	安装在杆塔的小号侧的杆塔水平材上，标志牌底色应与本回路色标一致，字体为白色黑体字（黄底时为黑色黑体字）
3	多回路杆号标志牌	500kV××Ⅰ线 001号 500kV××Ⅱ线 001号	安装在杆塔的小号侧的杆塔水平材上，标志牌底色应与本回路色标一致，字体为白色黑体字（黄底时为黑色黑体字），色标颜色按照红黄绿蓝白紫排列使用
4	涂刷式杆号标志	500 kV ×× Ⅱ 线	涂刷在铁塔主材上，涂刷宽度为主材宽度，长度为宽度的4倍；双（多）回路塔号应以鲜明的异色标志加以区分。各回路标志底色应与本回路色标一致，白色黑体字（黄底时为黑色黑体字）
5	双（多）回路杆塔标志		标志牌装设（涂刷）在杆塔横担上，以鲜明异色区分
6	相位标志牌	A B C	装设在终端塔、耐张塔换位塔及其前后直线塔的横担上；电缆为单相时，应注明相别标志
7	涂刷式相位标志		涂刷在杆号标志的上方，涂刷宽度为铁塔主材宽度，长度为宽度的3倍

续表

序号	名称	图形标志示例	设置范围和地点
8	配电变压器、箱式变压器标志牌		装设于配电变压器横梁上适当位置或箱式变压器的醒目位置；基本形式是矩形，白底，红色黑体字
9	环网柜、电缆分接箱标志牌	10kV××线 001号环网柜	装设于环网柜或电缆分接箱醒目处；基本形式是矩形，白底，红色黑体字
10	分段断路器标志牌		装设于分支线杆上的适当位置；基本形式是矩形，白底，红色黑体字
11	电缆标志牌	110kV ××线 自：××变电站 至：××变电站 型号：YJLW02	电缆线路均应配置标志牌，标明电缆线路的名称、电压等级、型号参数、长度和起止变电站名称；基本形式是矩形，白底，红色黑体字
12	电缆接头盒标志牌	220kV ××线 自：××变电站 至：××变电站	电缆接头盒应悬挂标明电缆编号、始点、终点及接头盒编号的标志牌
13	电缆接地盒标志牌	220kV ××线 自：××变电站 至：××变电站 长度：××m	电缆接地盒应悬挂标明电缆编号、始点、起点至接头盒长度及接头盒编号的标志牌

第三节　安全防护设施

安全防护设施是指防止外因引发的人身伤害、设备损坏而配置的防护装置和用具。

一、一般规定

（1）安全防护设施用于防止外因引发的人身伤害，包括安全帽、安全带、临时遮栏（围栏）、孔洞盖板、爬梯遮栏门、安全工器具试验合格证标志牌、接地线标志牌及接地线存放地点标志牌、杆塔拉线、接地引下线、电缆防护套管及警示线、杆塔防撞警示线等装置和用具。

（2）工作人员进入生产现场，应根据作业环境中所存在的危险因素，穿戴或使用必要的防护用品。

（3）所有升降口、大小坑洞、楼梯和平台，应装设不低于 1050mm 高的栏杆和不低于 100mm 高的护板。如在检修期间需将栏杆拆除时，应装设临时遮栏，并在检修工作结束后将栏杆立即恢复。

二、安全防护设施及配置规范

安全防护设施名称、图形示例及配置规范见表 5－7。

表 5－7　　　　　　安全防护设施名称、图形示例及配置规范

序号	名称	图形示例	设置范围和地点
1	安全帽	安全帽正面 安全帽背面	1）安全帽用于作业人员头部防护。任何人进入生产现场，应正确佩戴安全帽。 2）安全帽前面有国家电网公司标志，后面为单位名称及编号，并按编号定置存放。 3）安全帽实行分色管理。红色安全帽为管理人员使用，黄色安全帽为运维人员使用，蓝色安全帽为检修（施工、试验等）人员使用，白色安全帽为外来参观人员使用。 4）安全帽应符合《头部防护 安全帽》（GB 2811—2019）的规定
2	安全带		1）安全带用于防止高处作业人员发生坠落或发生坠落后将作业人员安全悬挂。 2）在没有脚手架或者在没有栏杆的脚手架上工作，高度超过 1.5m 时，应使用安全带。 3）安全带应标注使用班站名称、编号，并按编号定置存放。 4）安全带存放时应避免接触高温、明火、酸类以及有锐角的紧硬物体和化学药物。 5）安全带应符合《坠落防护 安全带》（GB 6095—2021）的规定
3	安全工器具试验合格证标志牌	安全工器具试验合格证 名称＿＿＿＿＿＿编号＿＿＿＿＿＿ 试验日期＿＿＿＿年＿＿月＿＿日 下次试验日期＿＿＿＿年＿＿月＿＿日	1）安全工器具试验合格证标志牌贴在经试验合格的安全工器具的醒目位置。 2）安全工器具试验合格证标志牌可采用粘贴力强的不干胶制作，规格为 60×40mm

续表

序号	名称	图形示例	设置范围和地点
4	接地线标志牌及接地线存放地点标志牌		1）接地线标志牌固定在地线接地端线夹上。 2）接地线标志牌应采用不锈钢板或其他金属材料制成，厚度 1.0mm。 3）地线标志牌尺寸为 $D=30\sim50$mm，$D_1=2.0\sim3.0$mm。 4）接地线存放地点标志牌应固定在接地线存放醒目位置
5	临时遮栏（围栏）		1）临时遮栏（围栏）适用于下列场所： a. 有可能高处落物的场所； b. 检修、试验工作现场与运行设备的隔离； c. 检修、试验工作现场规范工作人员活动范围； d. 检修现场安全通道； e. 检修现场临时起吊场地； f. 防止其他人员靠近的高压试验场所； g. 安全通道或沿平台等边缘部位，因检修卸下拆除常设栏杆的场所； h. 事故现场保护； i. 需临时打开的平台、地沟、孔洞盖板周围等。 2）临时遮栏（围栏）应采用满足安全、防护要求的材料制作。有绝缘要求的临时遮栏应采用干燥木材、橡胶或其他坚韧绝缘材料制成。 3）临时遮栏（围栏）高度应为 $1050\sim1200$mm，防坠落遮栏应在下部装设不低 180mm 高的挡脚板。 4）临时遮栏（围栏）强度和间隙应满足防护要求，装设应牢固可靠。 5）临时遮栏（围栏）应悬挂安全标志，位置根据实际情况而定
6	孔洞盖板		1）适用于生产现场需打开的孔洞。 2）孔洞盖板均应为防滑板，且应覆以与地面齐平的坚固的有限位的盖板。盖板边缘应大于孔洞边缘 100mm，限位块与孔洞边缘距离不得大于 $25\sim30$mm，网络板孔眼不应大于 50×50mm。 3）在检修工作中如需将孔洞盖板取下，应设临时围栏。临时打开的孔洞，施工结束后应立即恢复原状；夜间不能恢复的，应加装警示红灯。 4）孔洞盖板可制成与现场孔洞互相配合的矩形、正方形、圆形等形状，选用镶嵌式、覆盖式，并在其表面涂刷 45° 黄黑相间的等宽条纹，宽度宜 $50\sim100$mm。 5）孔洞盖板拉手可做成活动式，或在盖板两侧设直径约 8mm 小孔，便于钩起

序号	名称	图形示例	设置范围和地点
7	杆塔拉线、接地引下线、电缆防护套管及警示标识		1）在线路杆塔拉线、接地引下线、电缆的下部，应装设防护套管，也可采用反光材料制作的防撞警示标识。 2）防护套管及警示标识，长度不小于 1.8m，黄黑相间，间距宜为 200mm
8	杆塔防撞警示线		1）在道路中央和马路沿外 1m 内的杆塔下部，应涂刷防撞警示线。 2）防撞警示线采用道路标线涂料涂刷，带荧光，其高度不小于 1200mm，黄黑相间，间距 200mm
9	防毒面具和正压式消防空气呼吸器	过滤式防毒面具 正压式消防空气呼吸器	1）电缆隧道应按规定配备防毒面具和正压式消防空气呼吸器。 2）过滤式防毒面具是在有氧环境中使用的呼吸器。 3）过滤式防毒面具应符合相关的规定。使用时，空气中氧气浓度不低于 18%，温度为 −30～+45℃，且不能用于槽、罐等密闭容器环境。 4）过滤式防毒面具的过滤剂有一定的使用时间，一般为 30～100min。过滤剂失去过滤作用（面具内有特殊气味）时，应及时更换。 5）过滤式防毒面具应存放在干燥、通风，无酸、碱、溶剂等物质的库房内，严禁重压。防毒面具的滤毒罐（盒）的贮存期为 5 年（3 年），过期产品应经检验合格后方可使用。 6）正压式消防空气呼吸器是用于无氧环境中的呼吸器。 7）正压式消防空气呼吸器应符合相关的规定。 8）正压式消防空气呼吸器在贮存时应装入包装箱内，避免长时间曝晒，不能与油、酸、碱或其他有害物质共同贮存，严禁重压

第六章

典型违章举例与事故案例分析

第一节 典型违章举例

一、按违章性质举例

按照严重程度由高至低分为Ⅰ类严重违章、Ⅱ类严重违章、Ⅲ类严重违章。

1. Ⅰ类严重违章

（1）无日计划作业，或实际作业内容与日计划不符。（管理违章）

（2）存在重大事故隐患而不排除，冒险组织作业；存在重大事故隐患被要求停止施工、停止使用有关设备、设施、场所或者立即采取排除危险的整改措施，而未执行的。（管理违章）

（3）建设单位将工程发包给个人或不具有相应资质的单位。（管理违章）

（4）使用达到报废标准的或超出检验期的安全工器具。（管理违章）

（5）工作负责人（作业负责人、专责监护人）不在现场，或劳务分包人员担任工作负责人（作业负责人）。（管理违章）

（6）未经工作许可（包括在客户侧工作时，未获客户许可），即开始工作。（行为违章）

（7）无票（包括作业票、工作票及分票、操作票、动火票等）工作、无令操作。（行为违章）

（8）作业人员不清楚工作任务、危险点。（行为违章）

（9）超出作业范围未经审批。（行为违章）

（10）作业点未在接地保护范围。（行为违章）

（11）漏挂接地线或漏合接地刀闸。（行为违章）

（12）组立杆塔、撤杆、撤线或紧线前未按规定采取防倒杆塔措施；架线

施工前，未紧固地脚螺栓。（行为违章）

（13）高处作业、攀登或转移作业位置时失去保护。（行为违章）

（14）有限空间作业未执行"先通风、再检测、后作业"要求；未正确设置监护人；未配置或不正确使用安全防护装备、应急救援装备。（行为违章）

（15）牵引过程中，牵引机、张力机进出口前方有人通过。（行为违章）

2．Ⅱ类严重违章

（1）未及时传达学习国家、国家电网公司安全工作部署，未及时开展国家电网公司系统安全事故（事件）通报学习、安全日活动等。（管理违章）

（2）安全生产巡查通报的问题未组织整改或整改不到位的。（管理违章）

（3）针对公司通报的安全事故事件、要求开展的隐患排查，未举一反三组织排查；未建立隐患排查标准，分层分级组织排查的。（管理违章）

（4）承包单位将其承包的全部工程转给其他单位或个人施工；承包单位将其承包的全部工程肢解以后，以分包的名义分别转给其他单位或个人施工。（管理违章）

（5）施工总承包单位或专业承包单位未派驻项目负责人、技术负责人、质量管理负责人、安全管理负责人等主要管理人员；合同约定由承包单位负责采购的主要建筑材料、构配件及工程设备或租赁的施工机械设备，由其他单位或个人采购、租赁。（管理违章）

（6）没有资质的单位或个人借用其他施工单位的资质承揽工程；有资质的施工单位相互借用资质承揽工程。（管理违章）

（7）拉线、地锚、索道投入使用前未计算校核受力情况。（管理违章）

（8）拉线、地锚、索道投入使用前未开展验收；组塔架线前未对地脚螺栓开展验收；验收不合格，未整改并重新验收合格即投入使用。（管理违章）

（9）未按照要求开展电网风险评估，及时发布电网风险预警、落实有效的风险管控措施。（管理违章）

（10）特高压换流站工程启动调试阶段，建设、施工、运维等单位责任界面不清晰，设备主人不明确，预试、交接、验收等环节工作未履行。（管理违章）

（11）约时停、送电；带电作业约时停用或恢复重合闸。（管理违章）

（12）未按要求开展网络安全等级保护定级、备案和测评工作。（管理违章）

（13）电力监控系统中横纵向网络边界防护设备缺失。（管理违章）

（14）货运索道载人。（行为违章）

（15）超允许起重量起吊。（行为违章）

（16）采用正装法组立超过 30m 的悬浮抱杆。（行为违章）

（17）紧断线平移导线挂线作业未采取交替平移子导线的方式。（行为违章）

（18）在带电设备附近作业前未计算校核安全距离；作业安全距离不够且未采取有效措施。（管理违章、行为违章）

（19）乘坐船舶或水上作业超载，或不使用救生装备。（行为违章）

（20）在电容性设备检修前未放电并接地，或结束后未充分放电；高压试验变更接线或试验结束时未将升压设备的高压部分放电、短路接地。（行为违章）

（21）擅自开启高压开关柜门、检修小窗，擅自移动绝缘挡板。（行为违章）

（22）在带电设备周围使用钢卷尺、金属梯等禁止使用的工器具。（行为违章）

（23）倒闸操作前不核对设备名称、编号、位置，不执行监护复诵制度或操作时漏项、跳项。（行为违章）

（24）倒闸操作中不按规定检查设备实际位置，不确认设备操作到位情况。（行为违章）

（25）在运行站内使用吊车、高空作业车、挖掘机等大型机械开展作业，未经设备运维单位批准即改变施工方案规定的工作内容、工作方式等。（行为违章）

（26）防误闭锁装置功能不完善，未按要求投入运行。（行为违章）

（27）随意解除闭锁装置或擅自使用解锁工具（钥匙）。（行为违章）

（28）继电保护、直流控保、稳控装置等定值计算、调试错误，误动、误碰、误（漏）接线。（行为违章）

（29）两个及以上专业、单位参与的改造、扩建、检修等综合性作业，未成立由上级单位领导任组长，相关部门、单位参加的现场作业风险管控协调组；现场作业风险管控协调组未常驻现场督导和协调风险管控工作。（管理违章）

（30）在继保屏上作业时，运行设备与检修设备无明显标志隔开，或在保护盘上或附近进行振动较大的工作时，未采取防掉闸的安全措施。（行为违章）

3. Ⅲ类严重违章

（1）承包单位将其承包的工程分包给个人；施工总承包单位或专业承包单位将工程分包给不具备相应资质单位。（管理违章）

（2）施工总承包单位将施工总承包合同范围内工程主体结构的施工分包给其他单位；专业分包单位将其承包的专业工程中非劳务作业部分再分包；劳务分包单位将其承包的劳务再分包。（管理违章）

（3）承发包双方未依法签订安全协议，未明确双方应承担的安全责任。（管理违章）

（4）将高风险作业定级为低风险。（管理违章）

（5）跨越带电线路展放导（地）线作业，跨越架、封网等安全措施均未采取。（管理违章）

（6）违规使用没有"一书一签"（化学品安全技术说明书、化学品安全标签）的危险化学品。（管理违章）

（7）现场规程没有每年进行一次复查、修订并书面通知有关人员；不需修订的情况下，未由复查人、审核人、批准人签署"可以继续执行"的书面文件并通知有关人员。（管理违章）

（8）现场作业人员未经安全准入考试并合格；新进、转岗和离岗 3 个月以上电气作业人员，未经专门安全教育培训，并经考试合格上岗。（管理违章）

（9）不具备"三种人"资格的人员担任工作票签发人、工作负责人或许可人。（管理违章）

（10）特种设备作业人员、特种作业人员、危险化学品从业人员未依法取得资格证书。（管理违章）

（11）特种设备未依法取得使用登记证书、未经定期检验或检验不合格。（管理违章）

（12）自制施工工器具未经检测试验合格。（管理违章）

（13）金属封闭式开关设备未按照国家、行业标准设计制造压力释放通道。（管理违章）

（14）设备无双重名称，或名称及编号不唯一、不正确、不清晰。（管理违章）

（15）高压配电装置带电部分对地距离不满足且未采取措施。（管理违章）

（16）电化学储能电站电池管理系统、消防灭火系统、可燃气体报警装置、通风装置未达到设计要求或故障失效。（管理违章）

（17）网络边界未按要求部署安全防护设备并定期进行特征库升级。（管理违章）

（18）高边坡施工未按要求设置安全防护设施；对不良地质构造的高边坡，

未按设计要求采取锚喷或加固等支护措施。（管理违章、行为违章）

（19）平衡挂线时，在同一相邻耐张段的同相导线上进行其他作业。（管理违章、行为违章）

（20）未经批准，擅自将自动灭火装置、火灾自动报警装置退出运行。（管理违章、行为违章）

（21）票面（包括作业票、工作票及分票、动火票等）缺少工作负责人、工作班成员签字等关键内容。（行为违章）

（22）重要工序、关键环节作业未按施工方案或规定程序开展作业；作业人员未经批准擅自改变已设置的安全措施。（行为违章）

（23）货运索道超载使用。（行为违章）

（24）作业人员擅自穿、跨越安全围栏、安全警戒线。（行为违章）

（25）起吊或牵引过程中，受力钢丝绳周围、上下方、内角侧和起吊物下面，有人逗留或通过。（行为违章）

（26）使用金具 U 型环代替卸扣；使用普通材料的螺栓取代卸扣销轴。（行为违章）

（27）放线区段有跨越、平行输电线路时，导（地）线或牵引绳未采取接地措施。（行为违章）

（28）耐张塔挂线前，未使用导体将耐张绝缘子串短接。（行为违章）

（29）在易燃易爆或禁火区域携带火种、使用明火、吸烟；未采取防火等安全措施在易燃物品上方进行焊接，下方无监护人。（行为违章）

（30）动火作业前，未将盛有或盛过易燃易爆等化学危险物品的容器、设备、管道等生产、储存装置与生产系统隔离，未清洗置换，未检测可燃气体（蒸气）含量，或可燃气体（蒸气）含量不合格即动火作业。（行为违章）

（31）动火作业前，未清除动火现场及周围的易燃物品。（行为违章）

（32）生产和施工场所未按规定配备消防器材或配备不合格的消防器材。（行为违章）

（33）作业现场违规存放民用爆炸物品。（行为违章）

（34）擅自倾倒、堆放、丢弃或遗撒危险化学品。（行为违章）

（35）带负荷断、接引线。（行为违章）

（36）电力线路设备拆除后，带电部分未处理。（行为违章）

（37）在互感器二次回路上工作，未采取防止电流互感器二次回路开路，

电压互感器二次回路短路的措施。(管理违章)

(38) 起重作业无专人指挥。(行为违章)

(39) 高压业扩现场勘察未进行客户双签发;业扩报装设备未经验收,擅自接火送电。(行为违章)

(40) 未按规定开展现场勘察或未留存勘察记录;工作票(作业票)签发人和工作负责人均未参加现场勘察。(行为违章)

(41) 脚手架、跨越架未经验收合格即投入使用。(行为违章)

(42) 对"超过一定规模的危险性较大的分部分项工程"(含大修、技改等项目),未组织编制专项施工方案(含安全技术措施),未按规定论证、审核、审批、交底及现场监督实施。(管理违章、行为违章)

(43) 三级及以上风险作业管理人员(含监理人员)未到岗到位进行管控。(行为违章)

(44) 电力监控系统作业过程中,未经授权,接入非专用调试设备,或调试计算机接入外网。(行为违章)

(45) 劳务分包单位自备施工机械设备或安全工器具。(管理违章)

(46) 施工方案由劳务分包单位编制。(管理违章)

(47) 监理单位、监理项目部、监理人员不履责。(管理违章)

(48) 监理人员未经安全准入考试并合格;监理项目部关键岗位(总监、总监代表、安全监理、专业监理等)人员不具备相应资格;总监理工程师兼任工程数量超出规定允许数量。(管理违章)

(49) 安全风险管控平台上的作业开工状态与实际不符;作业现场未布设与安全风险管控平台作业计划绑定的视频监设控备,或视频监控设备未开机、未拍摄现场作业内容。(管理违章)

(50) 应拉断路器(开关)、应拉隔离开关(刀闸)、应拉熔断器、应合接地开关、作业现场装设的工作接地线未在工作票上准确登录;工作接地线未按票面要求准确登录安装位置、编号、挂拆时间等信息。(管理违章)

(51) 高压带电作业未穿戴绝缘手套等绝缘防护用具;高压带电断、接引线或带电断、接空载线路时未戴护目镜。(行为违章)

(52) 汽车式起重机作业前未支好全部支腿;支腿未按规程要求加垫木。(行为违章)

(53) 链条葫芦、手扳葫芦、吊钩式滑车等装置的吊钩和起重作业使用的

吊钩无防止脱钩的保险装置。（管理违章）

（54）绞磨、卷扬机放置不稳；锚固不可靠；受力前方有人；拉磨尾绳人员位于锚桩前面或站在绳圈内。（管理违章）

（55）导线高空锚线未设置二道保护措施。（行为违章）

（56）作业现场被查出一般违章后，未通过整改核查擅自恢复作业。（管理违章）

（57）领导干部和专业管理人员未履行到岗到位职责，相关人员应到位而不到位、应把关而不把关、到位后现场仍存在严重违章。（管理违章）

（58）安监部门、安全督查中心、安全督查队伍不履责、未按照分级全覆盖要求开展督查、本级督查后又被上级督查发现严重违章、未对停工现场执行复查或核查。（管理违章）

（59）作业现场视频监控终端无存储卡或不满足存储要求。（管理违章）

二、按违章类别举例

1. 管理性违章

（1）对违章不制止，未按规定落实对违章人员的处罚，对违章或问题未整改闭环。

（2）无人值守变电站火灾报警信号未接入远方集中监控场所。

（3）工作票所列安全措施未做完整就进行工作。

（4）作业不按规定使用工作票、操作票（如：应使用一种工作票而使用其他票面、应使用变电工作票而使用配电或线路票面，使用未审核的操作票）。施工方案编制时间早于初勘时间。

（5）没有每年公布工作票签发人、工作负责人、工作许可人、有权单独巡视高压设备人员名单。

2. 行为性违章

（1）通用。

1）酒后从事电气检修施工作业或其他特种作业。

2）未将验电器的伸缩式绝缘棒长度拉足，验电时手持超过手柄护环，雨雪天气在室外未戴绝缘手套直接验电，或验电时未逐相进行验电。

3）装设（拆除）接地线严重不规范的：

a. 装（拆）接地线时，人体碰触接地线或未接地的导线；

b. 装设、拆除接地线未使用绝缘棒或未戴绝缘手套；

c. 装、拆接地线时没有监护人（经批准可以单人装设接地线的项目除外），装拆接地线顺序颠倒；

d. 使用的接地线型号不符合要求，接地线装设位置与工作票填写的不符；

e. 在可能产生感应电压的停电检修设备、线路或绝缘架空地线上工作，未加挂接地线。

4）人在梯子上工作时移动梯子。

5）现场小组工作负责人没有佩戴小组工作负责人袖标、工作负责人未佩戴袖标或穿红马甲；工作负责人未随身携带工作票；专责监护人参与现场施工作业，专责监护人离开作业现场后，被监护人员仍在作业。

6）漏挂（拆）、错挂（拆）禁止类警告标示牌、"在此工作"标识牌等。

7）高处作业人员携带除个人工器具和传递绳以外的材料、工器具上杆塔，随手上下抛掷器具、材料。

8）工具或材料浮搁在高处。

9）低压电气工作时，拆开的引线、断开的线头未采取绝缘包裹等遮蔽措施，未采取绝缘隔离防止相间短路和单相接地措施。

10）装设（拆除）接地线不规范的：

a. 装设接地线的导电部分或接地部分未清除油漆或绝缘介质；

b. 用缠绕的方法装设接地线或用不合规定的导线进行接地短路；

c. 接地线的接地棒插入地下深度不满足《线路安规》要求；

d. 接地线装设不牢靠或虚插；

11）接地线与检修部分之间连有保险器（保险器可靠短接除外）或未做好防止分闸安全措施的断路器。

12）作业结束未做到工完料尽场地清，或未及时封堵孔洞、盖好沟道盖板。

13）工程车辆客货混装行驶，或超员超载行驶，或驾驶车辆时存在妨碍安全驾驶行为。

14）擅自将单位车辆交给无准驾证人员驾驶，使用失效的准驾证驾驶单位车辆。

（2）工作票执行。

1）工作负责人变动未履行变更手续，未告知全体工作班成员及工作许可人。

2）现场作业工作票、小组任务单未使用一式二份（多份），未使用小组任务单。

3）工作票填写不规范，出现以下情况：

a. 计划工作时间与所批准的停役时间不符。

b. 工作票中设备名称、编号与一次接线图及现场实际不符。

c. 工作票上工作班成员或人数与实际不符；工作班成员变更，工作负责人未签名确认。

d. 工作票上的工作任务不清或与实际工作不一致，票面涂改严重，漏填或错填内容。

e. 工作负责人对临时加入的工作人员未交待安全注意事项和安全措施及工作任务，且未做好有关记录。

f. 工作延期未办理工作票（施工作业票）延期手续或工作结束未及时办理工作票终结手续。

4）专责监护人不认真履行监护职责，从事与监护无关的工作，或专责监护人多点同时监护（同一工作区域视线范围内除外）。

5）每日收工和次日开工前，未履行工作间断手续。

（3）倒闸操作。

1）非运维人员擅自操作运行设备（规定允许的除外）。

2）倒闸操作未按规定戴绝缘手套、穿绝缘靴。

3）操作票票面关键字涂改，编号不连续。

（4）变电运行及检修。

1）设备巡视擅自登高作业或超安全距离接近带电设备。

2）高压试验有下列行为的：

a. 未断开试验电源的情况下盲目变更或拆除高压试验接线；

b. 高压试验装置的低压电源及接地不符合要求；

c. 进行高压试验时不按规定装设遮栏或围栏，加压过程不进行监护和呼唱，被试设备两端不在同一地点时，另一端没有派人看守；

d. 进行高压试验时不按规定装设遮栏或围栏，加压过程不进行监护和呼唱，被试设备两端不在同一地点时，另一端没有派人看守；

e. 试验结束后，被试设备上遗漏接地短路线。

3）单人在高压室或室外高压设备区作业（规定允许的除外）。

4）在开关机构上进行检修、解体等工作，未拉开相关控制电源和动力电源。

5）继电保护进行开关传动试验未通知运维人员、现场检修人员，未设专人在现场观察。

6）在同一电气连接部分，高压试验的工作票发出后，再发出或未收回已许可的有关该系统的所有工作票。

7）在带电的电流互感器二次回路上工作时，发生下列违章现象：

a. 采用导线缠绕的方法短路二次绕组；

b. 在电流互感器与短路端子之间的回路和导线上进行工作。

8）继电保护及自动装置试验工作结束后，未认真按二次工作安全措施票逐项恢复同运行设备有关的接线，拆除临时接线，没有认真检查装置内是否有异物，屏面信号及各种装置状态是否正常，各相关连接片及切换开关位置是否恢复至工作许可时的状态。

9）二次回路上作业不带相应图纸。

10）在有压力及弹簧储能的状态下进行拆装检修工作。

（5）线路运行、检修及施工。

1）未使用绝缘工具直接或间接接触高压带电设备上的物体，如用手直接去取倒在高压带电导线上的树枝。

2）杆塔上有人时，调整拆换受力拉线或临时拉线。

3）调换临时拉线未采用先安装永久拉线，后拆除临时拉线的作业法。

4）起立电杆时，杆坑内有人。

5）机械的转动部分未装设防护罩或其他防护设备（如栅栏），露出的轴端无护盖。或将运行中转动设备的防护罩打开；将手伸入运行中转动设备的遮栏内；戴手套或用抹布对运行中转动部分进行清扫或进行其他工作。

6）开断运行电缆前，未与电缆走向图核对相符，未使用仪器确认电缆无电压后，未用接地的带绝缘柄的铁钎钉入电缆芯。

7）在跨越电力线路、铁路、公路或通航河流等的线段杆塔上安装附件时，无防止导线、地线坠落的措施。

8）在不停电的跨越架内侧攀登或从不停电的封顶架上通过。

9）配电变压器在停电做试验工作时，台架上有人。

10）电杆埋深不足。

11）在无通信联络或通信不畅的情况下进行放线、撤线。

12）导线或导引绳被障碍物卡住时强行放线。

13）放线、紧线与撤线时，作业人员站在或跨在已受力的牵引绳、导线的内角侧，展放的导线圈内以及牵引绳或架空线的垂直下方。升空作业用人力直接压线，紧线时跨越将离地面的导线或地线。

14）组立铁塔时，用手指伸入螺孔找正。

15）在变电所室外构架上或多回线路架设的杆塔上进行部分停电工作时，发生以下现象：

a. 风力达到 5 级以上；

b. 人员进入带电侧架构或横担；

c. 在架构上卷绕绑线或放开绑线；

d. 上下传递使用带金属丝的绳索。

16）雷雨天气，在室外线路设备上、室内的架空引入线上进行检修和试验或进行线路绝缘的测量工作。

17）钢丝绳套未使用衬垫包扎保护，钢丝套穿插长度不足。

18）利用汽车进行导线、开关等重物牵引。

（6）基建（检修）施工。

1）登杆（塔）前不核对线路名称、杆号、色标，电缆工作前未认真核对电缆名称。

2）电缆直埋深度不足。

3）电缆展放敷设过程中，未在电缆盘处配有可靠的制动装置，转弯处未设专人监护；电缆通过孔洞或楼板时，两侧未设监护人或入口处未采取措施防止电缆被卡。

4）电缆盘、输送机、电缆转弯处未按规定搭建牢固的放线架或未放置稳妥，展放时未设专人监护。

5）电缆穿入带电的盘柜前，电缆端头未做绝缘包扎处理；电缆穿入时盘上未设专人接引。

6）在高处平台、孔洞边缘倚坐或跨越栏杆。

7）在脚手架上使用临时物体（如箱子、桶、板等）作为补充台架。

8）擅自拆除孔洞盖板、栏杆、隔离层或因工作需要拆除附属设施时不设明显标志并及时恢复。

9）电线直接钩挂在隔离开关或直接插入插座内使用。

10）开关箱负荷侧的首端未安装漏电保护装置或未按规定定期检查试验。

11）工井作业时，只打开一只井盖（单眼井除外）。

12）工井作业开启井盖后，井口未设置井圈，未设专人监护，作业人员撤离后未立即将井盖盖好。

13）有限空间作业未经管理人员审批许可、安全围栏未设置、气体监测记录卡未按规定时间周期进行记录、现场未挂安全警示告知等。未严格按照《国家电网有限公司有限空间作业安全工作规定（试行）》（安监二〔2021〕25号）进行有限空间作业。

（7）起重作业。

1）起重机械使用无专项安全施工方案。

2）吊车专项方案未明确吊车行驶路线、作业位置、作业边界、离带电体安全距离等内容。

3）变电作业现场需使用吊机，但吊车司机未参与现场勘察，现场无专人监护。

4）工作人员站在起吊物上升降，汽吊加挂自制未经检验车笼（斗）载人作业。

5）链条葫芦在操作中增人强拉超荷使用；操作人员站在葫芦正下方。

6）吊车在行驶时，挂钩未固定；吊车未设置可靠接地。

7）移动式起重设备未安置平稳牢固，或起吊重物过程有拖拽现象。

8）汽吊作业有以下行为：

a. 吊臂或支腿未完全收回即移动；

b. 汽吊周围操作范围区域未使用安全围栏；

c. 重物捆绑不牢固、重物在空中有甩动现象。

9）采用起重臂顶撞或起重臂旋转的方法校正设备。

10）机动绞磨的卷筒与牵引绳斜偏，磨筒上的钢丝绳缠绕不足5圈。

11）凭借栏杆、脚手架、瓷件等不结实牢固的构件起吊物件。

12）采用吊车悬吊电缆盘等方式展放电缆。

（8）消防及动火作业。

1）未履行有关手续即对有压力、带电、充油的容器及管道施焊。

2）易燃易爆物品、化学危险品或各种气瓶不按规定运输、存放和使用。

3）在蓄电池室、继保室、开关室、易燃易爆物品存放处等场所，未设置防火标识牌。

（9）劳动防护用品及安全工器具。

1）雷雨天气巡视或操作室外高压设备不穿绝缘靴。

2）进行焊接或切割作业，操作人员未穿戴专用工作服、绝缘鞋、防护手套等劳动防护用品，或衣着敞领卷袖。

3）使用砂轮、车床不戴护目眼镜，使用钻床等旋转机具时戴手套等；戴手套使用大锤。

4）报废的安全工器具、施工机具及失效的解锁钥匙未及时处理或混放。

3. 装置性违章

（1）能产生有毒有害气体（含六氟化硫等）的配电装置室、开关室等户内场所无通风装置或检漏装置。

（2）直线型重要交叉跨越塔跨越 110kV 及以上线路和铁路、高速公路等，未采用双悬垂绝缘子串结构。

（3）起重机械、绞磨、汽吊、卷扬机等无制动和逆止装置，或制动装置失灵、不灵敏。放线盘、电缆盘展放线过程中无制动装置及相关制动措施。

（4）隧道、竖井中的电缆未采取防火隔离、分段阻燃措施。

（5）现场使用的临时电源、电源线盘无漏电保安器或保安器失效。

（6）运行站（所）的消防水池、污水井、事故油池、电缆沟等无盖板且无安全防护措施；孔洞、楼梯、平台、沟道等未装设相应规范的栏杆、护板、盖板、安全网或遮栏（围栏、挡板）等。

（7）铁塔、钢管塔无接地引下线或无接地体。

（8）变电站设备、平行或同杆架设多回路线路无色标、分合指示、旋转方向、切换位置等。

（9）待用间隔未纳入调度管辖范围，管理不规范。

（10）接地线无命名或编号；施工机具、安全工器具未统一编号、规范管理。

（11）主变压器、门型架、屋顶等爬梯未封门加锁，未悬挂"禁止攀登"或"禁止攀登，高压危险！"标识牌。

（12）变电所施工现场与运行设备隔离措施不完善。

（13）高处走道、楼梯无栏杆。

（14）配电设备开关室内的分、合闸按钮未设置防误碰措施。

（15）防小动物措施不满足规定要求。

（16）电气设备外壳、避雷器无接地或接地不规范。

（17）电气设备无安全警示标志或未根据有关规程设置固定遮（围）栏。

（18）在放线过程中放线盘直接放置在车斗或无固定措施。

（19）牵引场、张力场的地锚设置混乱，随意性较大，锚桩埋设深度和数量达不到安全规程要求，牵引机入口接地滑车未挂设。

（20）抱杆木质腐朽、损伤严重或弯曲过大；金属抱杆整体弯曲或局部弯曲严重、磕瘪变形、表面严重腐蚀、裂纹或脱焊；抱杆脱帽环表面有裂纹或螺纹变安全工器具储存场所形。

（21）梯子没有加装或缺失防滑装置；无限高标识；人字梯无限制开度装置；上下梯无人扶持；梯子架设在不稳定的支持物上或高处作业时，作业时无人扶持或未固定。

（22）大锤及手锤的柄未用整根的硬木制成，用其他材料替代。

（23）卡线器有裂纹、弯曲或钳口斜纹磨平或使用的卡线器的规格与线材不匹配。

（24）起重设备无荷载标志。

（25）链葫芦的吊钩、链轮或倒卡变形，以及链磨损；刹车片沾染油脂。

（26）液压千斤顶的安全栓损坏、螺旋千斤顶的螺纹或齿磨损。

（27）施工工器具、安全工器具检验合格标签掉落或字迹模糊不清，无法辨别有效期等关键信息，使用存在断股、磨损严重的安全工器具。

第二节　事 故 案 例 分 析

【事故案例一】某公司110kV架空地线更换工作，地线松脱发生弹跳，造成上方220kV线路跳闸事故

1. 事故经过

某年12月，某公司110kV某1700线大修改造工程，对全线路1～55号档架空地线进行更换。工程施工任务由某电力建设工程公司承建。由于工程时间较紧，施工单位拿到施工图纸后，就立即着手开展施工工作，设备主人单位与施工单位未组织开展线路勘察和编制施工方案，未对全体施工人员进行交底。

设备运维管理单位（部门）也未对现场电气设备接线情况、危险点和安全注意事项进行告知。

根据计划在 12 月 13～15 日，对 7～12 号耐张段地线更换工作，110kV 某线 10～11 号档从 220kV 某线 15～16 号档下方穿越。12 月 13 日，完成 1 根地线（左地线）的紧线工作；12 月 14 日，施工单位计划完成另 1 根地线（右地线）更换任务；当日，由于 7 号塔政策处理原因，施工受到阻拦，直到 16 时多才开始进行右地线的牵引工作。由于此耐张段内地形比较复杂、通道内树木繁茂、档距大以及现场施工人员通道维护不到位等原因，在牵引过程中 10～11 号档内地线发生被卡的现象，随着拉力逐渐增大被卡点的松脱地线发生弹跳，造成与上方 220kV 某线 15～16 号档 A 相导线放电。220kV 某 2208 线断路器跳闸，重合成功。

2. 违章分析

（1）外单位承担公司系统内施工作业，设备运维单位未告知现场电气设备接线情况、危险点和安全注意事项。

（2）进行电力线路施工作业未根据工作任务组织现场勘察。

（3）对危险性、复杂性和困难程度较大的作业项目，未编制"三措一案"和未经批准，未进行技术交底。

（4）放线、紧线时遇导、地线有卡、挂住现象，未松线后处理。

（5）工作负责人（监护人）未检查安全措施是否正确完备、符合现场实际。

3. 防范措施

（1）外单位承担公司系统施工作业，工作前设备运维管理单位（部门）应告知现场电气设备接线情况、危险点和安全注意事项。

（2）进行电力线路施工作业应根据工作任务组织现场勘察，要求签发人、施工方负责人、施工工作负责人等参加，并做好勘察记录。

（3）对危险性、复杂性和困难程度较大的作业项目，编制组织措施、技术措施、安全措施，并经本单位分管生产的领导（总工程师）批准后执行，并对施工人员进行技术交底。

（4）放线、紧线时，应事先未检查接线管或接线头以及过滑轮、横担、树枝、房屋等处有无卡住现象。遇导、地线有卡、挂住现象，应松线后处理。

（5）工作负责人（监护人）应检查工作票所列安全措施是否正确完备，是否符合现场实际条件。工作前对工作班成员进行危险点告知、交待安全措施和技术措施。

【事故案例二】某输电运检专业室 110kV 线路更换合成绝缘子工作，高处坠落，造成死亡事故

1. 事故经过

按照 4 月份检修工作计划，4 月 12～15 日安排输电运检专业室进行 110kV 某线全线更换合成绝缘子，共 128 基。13 日运检一班第二小组负责更换 94、95 号二基杆塔绝缘子。上午 10 时开始工作，13:00 左右，完成了 94、95 号杆塔绝缘子更换工作后。看时间还早经商量，决定将第二天的 99 号塔更换工作提前到下午做，14:30 分开始绝缘子更换工作。工作人员肖×上杆，王×负责监护指挥，另外 2 人进行地勤工作。肖×上塔（7813 型杆塔，塔高 20.5m）后，走到 C 相导线横担，并系好安全带延长绳，在横担上挂好单滑轮，接着将组三滑轮和防止导线意外脱落的保险钢丝绳套吊到位并挂在横担上，然后下至导线，肖×将组三滑轮另一端挂在导线上后，将腰绳系在组三滑轮的绳子上。由于这基杆塔两侧都是大跨档，且地势高，因考虑配备的工器具不满足受力要求，担心组三滑轮将导线拉不起来，于是，地面人员试拉组三滑轮的绳索将导线提起，这时绝缘子串已经松弛，肖×就蹲下摘取单联碗头，此时由于组三滑轮上使用的棕绳受力过大后突然拉断，肖×随导线坠落，送医院抢救，抢救无效于 15:20 死亡。

2. 违章分析

（1）小组负责人王×现场监护不到位。未发现工作过程中安全带系的位置不正确、承力工具未冲击检查、防导线坠落措施未到位等各类违章行为。

（2）肖×下导线工作将安全带系在活动构件上。肖×下导线工作将安全带系在将腰绳系在组三滑轮的绳子上。

（3）承力工器具受力后未进行检查。地面人员试拉组三滑轮的绳索将导线提起，肖×未检查工器具受力情况，就直接摘取单联碗头。

（4）超工作计划工作。在完成了 94、95 号杆塔绝缘子更换工作后，将第二天的 99 号塔更换工作提前到下午做，工器具不能满足大档距杆塔工作要求。

（5）防导线坠落措施未做。将防止导线意外脱落的保险钢丝绳套吊到位并挂在横担上，未与导线相连接。

（6）工作小组其他成员对现场违章行为没有及时制止。

3. 防范措施

（1）更换绝缘子作业，应有防止导线坠落的后备保护措施。

（2）下导线作业应将后备保护绳系在杆塔牢固的构件上，不得将安全绳系在不牢固或活动的物件上以及承力（起重）工器具上。

（3）承力工具应根据荷载大小合理选择，受力后应进行冲击检查，合格后方可继续使用。

（4）更换绝缘子作业前后，都应检查各部件连接是否牢靠，销子、螺栓等安装情况。

（5）后备保护绳超过 3m 应使用坠落缓冲器或速差防坠保护器。

（6）工作负责人应严格督促、监护工作班成员遵守《线路安规》、正确使用劳动防护用品和执行现场安全措施，及时纠正不安全行为。

【事故案例三】砍剪树木，电弧光灼伤事故

1. 事故经过

7 月 24 日 16 时 31 分，220kV××线路故障跳闸，强送成功。7 月 25 日，线路专业室全线带电查线，10 时许，齐×和徐×在巡至 108 号与 109 号塔之间发现树梢有放电烧焦痕迹。因通信无法联系停电，上下山要 3h，在此情况下，齐×决定用手锯砍树，在线路带电砍树时未做好树顺导线倒落措施，在 11 时41 分造成树横向导线方倒落，因树与导线空间距离小而放电，树根下草着火，导致齐×双下肢部分被电弧光灼伤（穿化纤衣服）。从现场山上抬下，送市人民医院。经医生检查，烧伤度及烧伤面积为Ⅱ度 22%。

2. 违章分析

（1）在砍剪接触或接近高压带电导线的树木时，树枝与带电导线安全距离不足，未申请线路停电，违章砍剪树木。

（2）徐×未及时制止齐×的违章作业行为。

（3）齐×未按规定穿棉工作服（穿化纤衣服）。

3. 防范措施

（1）在线路带电情况下，砍剪靠近线路的树木时，工作负责人应在工作开始前，向全体人员说明：电力线路有电，人员、树木、绳索应与导线保持《线路安规》规定的安全距离。

（2）为防止树木（树枝）倒落在导线上，应设法用绳索将其拉向与导线相

反的方向。绳索应有足够的长度和强度，以免拉绳的人员被倒落的树木砸伤。砍剪山坡树木应做好防止树木向下弹跳接近导线的措施。

（3）树枝接触或接近高压带电导线时，应将高压线路停电或用绝缘工具使树枝远离带电导线至安全距离。此前禁止人体接触树木。

（4）风力超过 5 级时，禁止砍剪高出或接近导线的树木。

（5）工作班成员之间应互相关心工作安全，督促遵守《线路安规》和现场安全措施，及时发现和纠正不安全行为。

（6）工作人员的安全工器具、劳动防护用品应合格、齐备，并正确使用。

【事故案例四】攀登杆塔前未认真核对停电检修线路的双重名称，盲目登杆塔工作，造成人身触电死亡事故

1. 事故经过

6 月 28 日，按照线路检修计划进行了现场勘察。7 月 1 日，检修专业室编制完成施工"三措"计划、危险点分析、标准化作业指导书。7 月 3 日下午，专业室对线路检修班进行了"三措"、危险点分析交底。线路检修共分为 5 个小组，方×（死者、上塔人员）、王×（现场地面监护人员）在第 2 小组，负责 A 线 4～7 号塔的登塔检修。7 月 4 日上午 11 时 15 分左右，A 线线路改为检修状态，得到调度许可后工作负责人刘×对工作班成员进行了简单的交底，在 A 线 1、18 号塔分别挂好接地线后，11 时 30 分工作负责人刘×通知各小组可以开始工作。11 时 40 分左右，王×和方×来到塔下，王×看了下杆号牌对方×说"对的，就是这基塔"。由于当时天很热，随后王×就到线路边树丛中躲太阳。11 时 45 分，方×从 4 号腿登塔至下横担处，就直接进入线路横担侧。11 时 48 分，王×听到一声放电声，抬头看见方×倒在未停电的 B 线下相横担上，身上已着火。事故时 B 线 B 相接地，零序 I 段保护动作，线路断路器跳闸，重合不成功。王×立即向专业室领导汇报，联络救人事宜，最终方×因伤势过重抢修无效死亡。110kV A 线与 B 线 1～18 号塔同塔双回架设，面向线路杆塔号增加方向左线为 A 线（红色），右线为 B 线（绿色）。因线路运行多年色标模糊不清，不能辨识。

2. 违章分析

（1）登杆塔前未核对停电检修线路双重名称。工作人员方×攀登杆塔前未认真核对停电检修线路的双重名称，盲目登杆塔工作。

（2）监护人王×未认真履行监护责任。工作负责人（监护人）没有认真履行监护责任，核对停电检修线路双重名称，对工作中违章没有及时纠正，作业过程中监护不到位。

（3）接触或接近导线工作前未使用个人保安线。在工作地段有邻近、平行、交叉跨越及同杆塔架设线路，在需要接触或接近导线前未正确使用个人保安线。

（4）防误登杆的措施落实不到位。安全交底，工作负责人对平行架设线路相对位置交待不清楚。没有对工作班成员进行危险点告知、交待安全措施和技术措施，未做到每一个工作班成员都已知晓、清晰。

（5）线路运行管理工作不到位。线路运行多年色标模糊不清，不能辨识。

3．防范措施

（1）每基杆塔应设识别标记（色标、判别标志等）和线路名称。

（2）工作前应发给作业人员相对应线路的识别标记。

（3）经核对停电检修线路的识别标记和线路名称无误，验明线路确已停电并挂好接地线后，工作负责人方可发令开始工作。

（4）同杆塔多回路架设线路，一回带电一回检修的情况下，登杆塔和在杆塔上工作时，每基杆塔都应设专人监护。

（5）作业人员登杆塔前应核对停电检修线路的识别标记和线路名称无误后，方可攀登。登杆塔至横担处时，应再次核对停电线路的识别标记与双重称号，确实无误后方可进入停电线路侧横担。

（6）监护人应正确安全地组织工作，工作前对工作班成员进行危险点告知、交待安全措施和技术措施，并确认每一个工作班成员都已知晓。

【事故案例五】未按现场作业指导书要求施工，滑车钢丝绳套拉断，滑车击倒施工人员，造成人身死亡事故

1．事故经过

××送变电工程公司线路班在进行110kV×线耐张段施工紧线时，由于现场牵引绳转向滑车的钢丝绳套以小代大，并且未按现场作业指导书要求绑扎、配置，以致牵引绳刚受张力升空，转向滑车钢丝绳套即被角钢剪力拉断，造成站位在牵引绳内侧的工作负责人王×头部被飞弹出的转向滑车猛力击倒，经立即送医院抢救无效死亡。

2. 违章分析

（1）工作负责人王×违章站在受力钢丝绳内角侧。

（2）转向滑车的钢丝绳套配置以小代大使用。

（3）钢丝绳套绑扎在角钢上未进行衬垫。

（4）工作班成员未能及时发现并制止工作负责人的违章行为。

3. 防范措施

（1）放线、撤线和紧线工作时，人员不得站在或跨在已受力的牵引绳、导线的内角侧和展放的导、地线圈内以及牵引绳或架空线的垂直下方。

（2）紧线前应检查接线管、头有无卡住现象，如有应松线在无张力情况下处理。处理时操作人员应站在卡线处外侧，采用工具撬、拉导线，严禁用手直接拉、推导线。

（3）起吊物件有棱角或特别光滑时，在棱角和滑面与绳索接触处应加以衬垫。

（4）放线、紧线及撤线所使用的设备合格，满足荷重要求，使用前应进行检查。

（5）开门滑车应将门钩扣牢或用绑线绑牢，防止绳索滑脱。

（6）工作班成员之间应互相关心工作安全，督促遵守《线路安规》和现场安全措施，及时发现和纠正不安全行为。

【事故案例六】500kV 线路更换绝缘子作业，施工人员未系牢安全带保护绳，造成人身高坠死亡事故

1. 事故经过

某送电专业室按计划进行 500kV××线更换绝缘子作业。5 月 12 日，第三作业组负责人带领 8 名作业人员，进行 103 号塔瓷质绝缘子更换为合成绝缘子工作。塔上 2 名作业人员邢××、乌×在更换完 B 相合成绝缘子后，准备安装重锤片。邢××首先沿软梯下到导线端，下午 14 时 16 分，乌×在沿软梯下降过程中，因安全带保护绳扣环没有扣好，且采用手扶合成绝缘子脚踩软梯下降，从距地面 33m 高处坠落，送医院抢救无效死亡。

2. 违章分析

（1）乌×沿软梯下降前，安全带保护绳扣环没有扣好，且没有进行检查。

（2）乌×在沿软梯下降过程中，采用手扶合成绝缘子脚踩软梯下降错误

方法。

（3）工作负责人未认真履行监护责任，未发现乌×不正确作业方式没有及时纠正。

（4）邢×及其他工作班成员未能及时发现和制止乌×的违规行为。

3. 防范措施

（1）下导线时安全带应系在牢固构件上，并检查扣环是否扣牢。

（2）爬软梯应沿侧面上下，应"抓稳踩牢，稳步上下"的操作方法，手脚应协调一致避免脚下打滑或踏空。

（3）工作负责人对作业中的违章行为应及时制止、纠正。

（4）塔上作业人员应相互监督作业安全，指出现场违章行为。

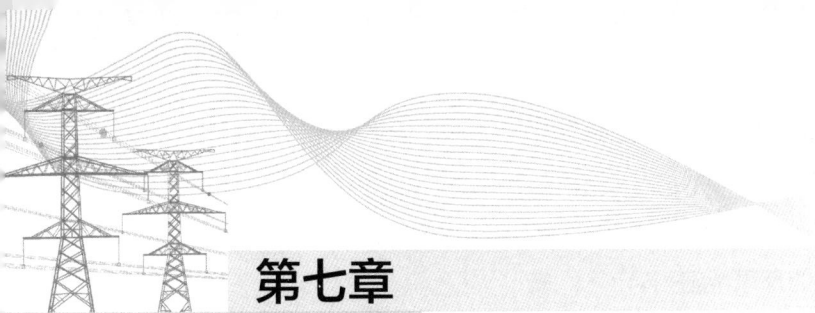

第七章

班 组 安 全 管 理

第一节 班 组 安 全 职 责

输电线路班组的安全职责:

(1) 贯彻落实"安全第一、预防为主、综合治理"的方针,按照"三级控制"制定本班组年度安全生产目标及保证措施,布置落实安全生产工作,并予以贯彻实施。

(2) 执行各项安全工作规程,开展作业现场危险点预控工作,执行"两票三制"。执行检修规程及工艺要求,确保生产现场的安全,保证生产活动中人员与设备的安全。

(3) 做好班组管理,做到工作有标准,岗位责任制完善并落实,设备台账齐全,记录完整。制定本班组年度安全培训计划,做好新入职人员、变换岗位人员的安全教育培训和考试。

(4) 开展定期安全检查、隐患排查、安全生产月和专项安全检查等活动,积极参加上级组织的各类安全分析会议、安全大检查活动。

(5) 开展班前会、班后会,做好出工前"三交三查"工作,主动汇报安全生产情况。

(6) 每月定期开展安全生产月度例会,综合分析安全生产形势和管理上存在的薄弱环节,提出防范对策;针对有关安全事故(事件)组织开展分析会,查找事故(事件)原因,制定并落实反事故措施。

(7) 组织开展每周(或每个轮值)一次的安全日活动,结合工作实际开展经常性、多样性、行之有效的安全教育活动。

(8) 结合安全性评价结果,组织编制班组的年度"两措"计划,经审批后组织实施。

（9）建立有系统、分层次、分工明确、相互协调的事故应急处理体系，并参加上级单位组织的反事故演习。

（10）开展班组现场安全稽查和自查自纠工作，制止人员的违章行为。

（11）定期组织开展对安全工器具及劳动保护用品的检查，对发现的问题及时处理和上报，确保作业人员工器具及防护用品符合国家、行业或地方标准要求。

（12）执行安全生产规章制度和操作规程。执行现场作业标准化，正确使用标准化作业程序卡，参加检修、施工等工作项目的安全技术措施审查，确保所辖设备检修、大修、业扩等工程的施工安全。

（13）加强对所辖设备（设施）的管理，组织开展电力设施的安装验收、巡视检查和维护检修，保证设备安全运行。定期开展对设备（设施）的质量监督及运行评价、分析，提出更新改造方案和计划。

（14）执行电力安全事故（事件）报告制度，及时汇报安全事故（事件），保证汇报内容准确、完整，做好事故现场保护，配合开展事故调查工作。

（15）开展技术革新，合理化建议等活动，参加安全劳动竞赛和技术比武，促进安全生产。

第二节　班组安全管理日常实务

各基层班组应加强班组安全管理，切实把安全生产责任制、安全生产标准化管理、安全教育培训等工作落实到班组，引导班组员工牢固树立安全生产发展观，将安全生产各项要求落在实处。

一、班组安全活动

1. 班组安全活动角色分配

（1）每个活动单元按照主持人、记录员、评论员进行分工，除评论员外，其余人员均可兼任。每次活动根据实际情况选择是否设置评论员。

（2）主持人一般由班组长担任，负责活动策划准备，主持讨论，进行时间管理，督促全员发言，控制活动进程。

（3）评论员一般由班组上一级管理人员担任，负责对活动流程、活动效果进行点评。当活动现场无上一级管理人员时，班组可将现场录像发给上一级管理人员，由上一级管理人员进行点评。

2. 班组安全活动步骤

班组安全活动步骤为：策划准备→活动发起→风险辨识→制定对策→强化记忆。

（1）策划准备。

1）主持人提前根据近期主要工作任务、安全学习文件、班组安全管理问题等确定活动主题。班组成员提前学习活动主题相关资料，掌握各项危险因素和预控措施。

2）提前确定活动场地，划分活动角色，并做好材料、器具等各项准备。

3）活动发起前，班组长组织全体成员共同学习上级安全文件、安全事故通报等，传达上级会议指示精神，对其中的关键知识进行普及、强化，集中学习所涉及的安全规程、安全规章制度，并签字留痕。

（2）活动发起。

1）班组成员全员有序列队。

2）整理着装，检查衣着是否符合规范，是否穿戴整齐。

3）班组成员依次报数。

4）关注班组成员身体状况和精神状态是否出现异常迹象。

（3）风险辨识。

1）确认风险辨识对象。

2）班组成员以"因为……所以可能……，危险！"句式进行手指口述，提出危险因素，记录员记录。

3）主持人进行补充完善。

4）记录员对危险因素依次进行编号，主持人组织所有班组成员对危险因素进行举手表决，确定关键危险因素。

（4）制定对策。

1）班组成员依次对前面确定的关键危险因素提出预控措施。

2）记录员将每个班组成员提出的预控措施记录在看板上并编号。

3）主持人进行补充完善。

4）相互进行补充和举手表决确定最有效预控措施。

5）手指看板或图片中危险因素的地方复述最有效预控措施。

（5）强化记忆。

1）主持人总结出当天的行动目标。

2）全员站立，采用统一手指展板上行动目标或围成圈（手叠手、手拉手）大声喊行动目标三遍。

3. 班组安全活动其他要求

（1）班组安全活动每周开展一次，根据上级文件要求和本单位实际应增开安全活动。活动五个环节时间为 15～30min（不包含集中学习、讨论环节时间）。

（2）班组安全活动全体成员参加。因故不能参加者，应在回班组后 1 周内补课并做好记录。

（3）班组安全活动应使用手持终端、看板、大屏展示作为活动载体，以提高活动效率、增强活动效果。

（4）班组安全活动通过录像形式记录并由班组保存，保存时间为 1 年。

二、两票管理

（1）班组每月一次对操作票和工作票进行分析、评价和考核，作并加盖"合格"或"不合格"章，对不合格的工作票要注明原因。每月公布工作票的检查、考核情况。

（2）班组成员需参加单位组织的"两票"知识调考。

三、安全教育培训

（1）班组要落实上级安全教育培训有关制度和要求：组织开展安全教育培训和考试；建立健全个人安全教育培训档案，如实记录安全教育培训时间、内容、参加人员及考试考核结果等。

（2）班组长、安全员、技术员每年接受安全教育培训主要包括：

1）安全生产法规规章、制度标准、操作规程；

2）安全防护用品、作业机具、工器具使用与管理；

3）作业场所和工作岗位存在的危险因素、防范措施以及事故应急措施；

4）作业标准化安全管控相关知识；

5）工作票（作业票）、操作票管理要求及填写规范；

6）安全隐患排查治理、违章查纠等相关知识；

7）现场应急处置方案相关要求；

8）有关的典型事故案例；

9）其他需要培训的内容。

（3）在岗生产人员每年接受安全教育培训主要包括：

1）安全生产规章制度和岗位安全规程；

2）新工艺、新技术、新材料、新设备安全技术特性及安全防护措施；

3）安全设备设施、安全工器具、个人防护用品的使用和维护；

4）作业场所和工作岗位存在的危险因素、防范措施以及事故应急措施；

5）典型违章、安全隐患排查治理、事故案例；

6）职业健康危害与防治；

7）其他需要培训的内容。

（4）新上岗（转岗）人员应根据工作性质对其进行岗前安全教育培训，保证其具备岗位安全操作、紧急救护、应急处理等知识和技能，主要包括：

1）安全生产规章制度和岗位安全规程；

2）所从事工种可能遭受的职业伤害和伤亡事故；

3）所从事工种的安全职责、操作技能及强制性标准；

4）工作环境、作业场所和工作岗位存在的危险因素、防范措施以及事故应急措施；

5）自救互救、急救方法、疏散和现场紧急情况处理；

6）安全设备设施、安全工器具、个人防护用品的使用和维护；

7）典型违章、有关事故案例；

8）安全文明生产知识；

9）其他需要培训的内容。

（5）工作票（作业票）签发人、工作许可人、工作负责人（专责监护人）、倒闸操作人、操作监护人等每年应进行专项培训，并经考试合格、书面公布。主要包括：

1）安全工作规程、现场运行规程和调度、监控运行规程等；

2）工作票（作业票）、操作票管理要求及填写规范；

3）作业场所和工作岗位存在的危险因素、防范措施以及事故应急措施；

4）作业标准化安全管控相关知识；

5）典型违章、安全隐患排查治理、违章查纠等相关知识；

6）其他需要培训的内容。

（6）特种作业人员必须按照国家规定的培训大纲，接受与本工种相适应的、专门的安全技术培训，经考核合格取得特种作业操作证，并经单位书面批准方可参加相应的作业。离开特种作业岗位 6 个月的作业人员，应重新进行实际操作考试，经确认合格后方可上岗作业。

四、安全生产责任制

（1）行政正职是本单位的安全第一责任人，对本单位安全工作和安全目标负全面责任。行政副职对分管工作范围内的安全工作负领导责任，向行政正职负责。实行下级对上级的安全逐级负责制。

（2）安全生产目标自上而下逐级分解，组织制定实现年度安全目标计划的具体措施，层层落实安全责任，确保安全目标的实现。

（3）班组及岗位安全责任清单应进行长期公示；将安全责任清单的学习纳入安全教育培训计划；每名员工应掌握本岗位安全责任清单，熟悉所在组织的安全责任清单；班组长、管理人员还应了解所在组织各岗位和下级组织的安全责任清单；安全责任清单内容应纳入安全考试范畴；班组及各岗位应对照安全责任清单，逐条落实安全职责和履责要求，做到安全工作与业务工作同时计划、同时布置、同时检查、同时总结、同时考核。

五、安全工器具管理

班组应根据工作实际，提出安全工器具添置、更新需求；建立安全工器具管理台账，做到账、卡、物相符，试验报告、检查记录齐全；组织开展班组安全工器具培训，严格执行操作规定，正确使用安全工器具，严禁使用不合格或超试验周期的安全工器具；安排专人做好班组安全工器具日常维护、保养及定期送检工作。

六、"两措"管理

"两措"计划下达后，班组根据"两措"计划内容，组织制定和实施本班组年度"两措"计划，每月开展一次检查，将完成情况报主管部门。

七、隐患管理

班组要结合设备运维、监测、试验或检修、施工等日常工作排查安全隐患；根据上级安排开展专项安全隐患排查和治理工作；负责职责范围内安全隐患的上报、管控和治理工作。

八、季节性安全检查

（1）由班组长组织进行，安全员应积极协助，发动全体班组成员，开展自查活动。

（2）对于上级制定的检查重点和检查项目（表），班组可根据实际情况补充相应的重点内容，再进行自查、整改、总结并报上级部门。

（3）安全检查时应做好记录，保留现场证据，并及时跟踪整改完成情况；对暂时无法解决的问题或事故隐患应落实防范控制措施。

九、反违章管理

（1）班组长及管理人员应带头遵守安全生产规章制度，积极参与反违章，按照"谁主管、谁负责"原则，组织开展分管范围内的反违章工作，督促落实反违章工作要求。

（2）班组应严格落实反违章工作要求，防范并严肃查处各类违章。

（3）充分调动基层班组和一线员工的积极性、主动性，紧密结合生产实际，鼓励员工自主发现违章，自觉纠正违章，相互监督整改违章。

附录 A　现场标准化作业指导书（卡）范例

110～220kV 停电线路更换架空导线悬垂线夹现场作业程序卡

1. 作业人员配备

共 4 人：工作负责人 1 名，杆上作业人员 2 名，地面作业人员 1 名。

2. 主要工器具配备（见表 1）

表 1　　　　　　　　　　主 要 工 器 具 配 备

序号	名称	型号规格	单位	数量	备注
1	双钩（或手板葫芦，链条葫芦）		副	1	根据实际荷载确定
2	钢丝绳套或高强度绳套		个	1	根据实际荷载确定
3	保险钢丝套		根	1	根据绝缘子串长度确定
4	传递绳	$\phi 11$	根	1	长度根据杆塔高度确定
5	传递滑车	10kN	只	1	
6	接地线		组	2	根据线路电压等级和实际需要配备
7	验电器		只	1	根据线路电压等级和实际需要配备
8	个人保安线	$16mm^2$	根	1	根据线路电压等级和实际需要配备

注　工器具机械强度均应满足《国家电网公司电力安全工作规程　线路部分》要求，周期预防性检查性试验合格，工器具的配备应根据线路实际情况进行调整，防止以小代大。

3. 工作前准备

作业前，工作负责人应做好本次作业的准备工作，其主要内容包括以下五点。

（1）现场勘察：应明确现场检修作业需要停电的范围、保留的带电部位和现场作业的条件、环境及其他危险点等，了解杆塔周围情况、地形等，必要时组织现场勘察。

（2）相关资料：查阅图纸资料，明确塔型、呼高、导线型号、金具组装图、垂直档距等，以确定使用的工器具、材料。

（3）工作票及任务单：工作票签发人根据现场情况等相关资料，签发工作票和任务单，根据《国家电网公司电力安全工作规程 线路部分》和现场实际填写电力线路第一种工作票，工作负责人确认无误后接受工作票和任务单。

（4）材料准备及要求：准备与导线型号相匹配的悬垂线夹 1 只、铝包带若干，其电气强度和机械强度必须符合有关规定。

（5）危险点分析预控（见表2）。

表 2　　　　　　　　　　危 险 点 分 析 预 控

序号	危险点	控制及防范措施
1	误登杆塔	登塔前必须仔细核对停电检修线路的识别标记和双重命名、杆塔号，确认无误后，方可攀登。同塔多回线路登杆塔至横担处时，应再次核对停电线路的识别标记，确认无误后方可进入停电线路侧横担
2	高处坠落	登塔时应手抓主材或牢固构件。上混凝土杆前，应对脚扣、登高板冲击试验。杆塔有防坠装置的，应使用防坠装置。上、下塔及杆塔上转位过程中，手上不得带工具物品等。工作过程中应正确使用安全带，高处作业时不得失去安全带的保护
3	物体打击	现场人员应正确佩戴安全帽；高处作业人员应避免落物；使用的工具、材料应用绳索传递，严禁抛扔；地面人员不得在作业点正下方逗留；传递工器具或材料时应检查传递滑轮及绑扎等连接部位的受力情况；工器具、材料严禁浮搁在塔上
4	触电	高处作业时应设专人监护；邻近带电线路应使用绝缘绳索传递工器具和材料。绝缘架空地线应视为带电体，作业人员与绝缘架空地线之间的距离不应小于 0.4m
5	导线脱落	移动导线的作业，当采用单吊线装置时，应采取防导线脱落时的后备保护措施
6	工器具失灵	选择合格的后配保护钢丝绳、卸扣、滑车、传递绳等承力工具器及材料，且规格必须符合承受荷载；各挂点、连接点绑扎必须牢固，选择挂点要正确，防止工具、材料出现磨伤、折断等；各挂点、连接点承力必须满足荷载要求；工作随时检查各受力部位的情况，发现异常应及时调整；所有工作人员工作要听从指挥
7	其他	采取必要的防止动物叮咬、捕兽器伤人、山路塌方伤人的措施。根据现场实际情况，补充必要的危险点分析和预控内容

4．"三交三查"

（1）工作前，工作负责人检查工作票所列安全措施是否正确完备及所做的安全措施是否符合现场实际条件，必要时予以补充；工作负责人应召集工作班成员进行"三交三查"，包括交待工作任务、安全措施和技术措施，进行危险点告知，检查人员状况和工作准备情况。

（2）全体工作班成员明确工作任务、安全措施、技术措施和危险点后在工作票上签字。

5. 明确人员分工

（1）工作负责人 1 名，负责工作组织、监护；

（2）杆上作业人员 2 人，负责验电、接地和更换悬垂线夹；

（3）地面作业人员 1 人负责配合传递工器具、材料。

6. 安全措施及注意事项

（1）严格执行工作票制度，以及停电、验电、挂接地线、使用个人保安线的安全技术措施。

（2）攀登杆塔时，注意检查脚钉是否齐全牢固可靠。

（3）在杆塔上作业时，必须正确使用安全带。安全带应系在杆塔横担上，应防止安全带被锋利物割伤；系好安全带后必须检查扣环是否扣牢；杆塔上转移作业位置时，不得失去安全带保护。

（4）现场人员必须正确佩戴安全帽。

（5）杆塔上作业人员要防止高处落物，杆塔下及作业点下方禁止人员接近或停留，使用的工具、材料应用绳索传递。

（6）工器具必须经过试验并合格，作业前需外观检查，是否完好，工器具严禁以小代大。

（7）导线必须采取后备保护措施。

（8）提升导线前检查连接是否牢固。

（9）不得随意变更现场安全措施，特殊情况下需要变更安全措施时，必须履行审批手续。

（10）杆塔上作业应在良好的天气下进行，在工作中遇有六级以上大风（多回路线路控制风速为五级）以及雷暴雨、冰雹、大雾、沙尘暴等恶劣天气时，应停止工作。

（11）遵守《国家电网公司电力安全工作规程 线路部分》中其他相关规定。

7. 作业内容和工艺标准（见表 3）

表 3　　　　　　　　　　　作业内容和工艺标准

序号	作业内容	作业工序	工艺标准和要求
1	工作许可	办理停电许可手续	1）向工作许可人办理停电许可手续； 2）工作负责人将许可停电的时间、许可人记录在工作票，并签名

续表

序号	作业内容	作业工序	工艺标准和要求
2	核对现场	（1）核对线路双重命名、杆塔号； （2）核对现场情况； （3）召开现场班会	1）由登塔人员核对线路双重命名、杆塔号，工作负责人（监护人）确认； 2）由工作负责人（监护人）核对现场情况； 3）工作负责人在开工前召集工作人员召开现场班前会，再次交待工作任务、安全措施，检查工器具是否完备和人员精神状况是否良好
3	登塔	（1）塔上作业人员身背传递绳沿脚钉上塔，登塔工作； （2）工作负责人（监护人）严格监护	登塔前正确佩戴个人安全用具，杆塔有防坠装置的，应使用防坠装置，登塔过程中，双手不得携带物品。杆塔上人员，必须正确使用安全带（绳），在杆塔上作业转位时，不得失去安全带（绳）保护
4	验电接地	（1）塔上作业人员逐相验电、验明线路确无电压后、正确装设接地线，先挂接地端后挂引导线端； （2）若确认线路已停电，工作地段两端已挂接地线，可采用挂设个人保安线的方法	1）验电应使用相应电压等级、合格的接触式验电器。 2）验电时人体应与被验电设备保持 1.5m（110kV）、3.0m（220kV）以上的安全距离，并设专人监护，使用伸缩式验电器时应保证绝缘的有效长度。 3）对同杆塔架设的多层电力线路进行验电时，先验低压、后验高压、先验下层、后验上层、先验近侧、后验远侧，挂设接地线时相同次序。 4）线路经验明确无电压后，应立即在每相装设接地线，挂接地线应在监护下进行。 5）接地线应用有透明护套的多股软铜线组成，其截面不得小于 25mm²，接地线应使用专用的线夹固定在导线上，严禁用缠绕的方法进行接地或短路。 6）装设接地线应先接接地端，后接导线端，接地线应接触良好，连接可靠，装接地线均应使用绝缘棒或专用的绝缘绳，人体不得碰触接地线或未接地的导线。 7）在同塔架设多回路杆塔的停电线路上装设的接地线，应采取措施防止接地线摆动。 8）个人保安线应在杆塔上接触或接近导线的作业开始前挂接，作业结束脱离导线后拆除。装设时，应先接接地端，后接导线端，且接触良好，连接可靠。拆个人保安线的顺序与此相反。 9）个人保安线应使用有透明护套的多股软铜线，截面积不小于 16mm²，且应带有绝缘手柄或绝缘部件，严禁以个人保安线代替接地线
5	更换导线悬垂线夹	（1）接地线挂设完毕，工作负责人许可后，塔上作业人员带传递绳沿脚钉上塔； （2）在适当的位置固定传递滑车，由地面作业人员传上个人保安线并准确挂设； （3）地面作业人员将双钩、导线保护绳、钢丝绳套传递上塔；	1）塔上作业人员必须系好安全带，更换过程中安全带不锝系在绝缘子或导线上，脚踩稳后方可工作； 2）导线保护绳的长度不能过长； 3）提升导线前检查双钩（手板葫芦、链条葫芦等）连接是否牢固，提升导线的同时，注意双钩（手板葫芦、链条葫芦等不要伤及绝缘子；

续表

序号	作业内容	作业工序	工艺标准和要求
5	更换导线悬垂线夹	（4）一名塔上作业人员沿绝缘子下导线（合成绝缘子须沿软梯或硬梯下导线），另一名塔上作业人员做好导线后备保护并在横担配合； （5）两名杆上作业人员配合，用双钩提升导线； （6）松开线夹的 U 形螺栓，打开线夹挂板螺栓，取下旧线夹； （7）地面作业人员将新导线线夹传递上塔； （8）打开新线夹挂板，在原挂点位置装好新线夹，紧固 U 形螺栓，检查螺栓、垫片及销针是否缺少，螺栓把弹簧垫片紧固平为止； （9）松开双钩后取下并拆除导线保护绳、个人保安线，并传递到地面	4）在工作中使用的工具、材料必须用绳索传递，不得抛扔； 5）双钩（手板葫芦、链条葫芦等）操作要缓慢，检查金具有无异常情况
6	拆除接地线	（1）塔上作业人员检查设备上有无遗漏的工具材料，全部下塔至地面，向工作负责人汇报工作完成； （2）工作负责人下令可拆除接地线，拆除后检查塔上确无遗漏的工具、材料，确认无问题后带传递绳下塔	1）塔上作业人员确认杆塔上工具材料已拆除干净，塔上无遗留物，工作负责人下令拆除接地线； 2）拆除接地线应先拆导线端，后拆接地端，拆装接地线均应使用绝缘棒或专用的绝缘绳，人体不得碰触接地线或未接地的导线； 3）对同杆塔架设的多层电力线路进行拆除接地线（个人保安线）时，拆除时次序与先挂设相反； 4）接地线拆除后，应即认为线路带电，不准任何人再进行工作
7	下塔	（1）检查杆塔上无遗留物； （2）下塔返回地面； （3）工作负责人严格监护	1）确认杆塔上无遗留物； 2）下塔时，杆塔有防坠装置的，应使用防坠装置，下塔过程中，双手不得携带物品； 3）监护人专责监护
8	工作终结	（1）清理地面工作现场； （2）工作负责人全面检查工作完成情况，确认无误后签字撤离现场； （3）工作负责人向工作许可人汇报，履行工作终结手续	确认工器具均已收齐，工作现场做到"工完、料净、场地清"
9	自检记录	（1）更换的零部件； （2）发现的问题及处理情况； （3）验收结论	

8. 作业现场执行卡

110～220kV 停电线路更换架空导线悬垂线夹作业现场执行卡按表 4 样式执行。

表 4　　　110～220kV 停电线路更换架空导线悬垂线夹作业现场执行卡

线路名称：＿＿＿＿＿＿＿＿＿＿＿

序号	作业步骤及程序	执行情况		
		塔号	塔号	塔号
1	工作前准备（工器具配备及检查等）			
2	现场"三交三查"（确认签字完成）			
3	核对线路双重命名、杆塔号			
4	验电、接地（或挂个人保安线）			
5	更换悬垂线夹			
6	进行自检确认			
7	拆除接地线（或拆除个人保安线）			
8	检查杆塔和导地线上无遗留物（工具材料等）			
9	清理工作现场			
10	工作终结			
备注				

说明：作业班组根据工作内容按作业程序对现场执行情况进行逐条确认打勾

工作班组：　　　　　　　　小组负责人：　　　　　　　日期：

附录 B　现场处置方案范例

【方案一】作业人员应对突发高处坠落现场处置方案

一、工作场所

××供电公司输电运检室高处作业现场。

二、事件特征

作业人员在高处作业时，从高处坠落至地面、高处平台或悬挂空中，造成人身伤害。

三、现场人员应急职责

1. 现场负责人

（1）组织救助伤员。

（2）汇报事件情况。

2. 现场其他人员

救助伤员。

四、现场应急处置

1. 现场应具备条件

（1）通信工具及上级、急救部门电话号码。

（2）急救箱及药品。

2. 现场应急处置程序及措施

（1）作业人员坠落至高处或悬挂在高处时，现场人员应立即使用绳索或其他工具将坠落者解救至地面进行检查、救治；如果暂时无法将坠落者解救至地面，应采取措施防止脱出坠落。

（2）人体若被重物压住，应立即利用现场工器具使伤员迅速脱离重物，现成施救困难时，应立即向上级部门或 110 请求救援。

（3）高处坠落伤害事件发生后，应采取措施将受伤人员转移至安全地带。

（4）对于坠落地面人员，现场人员应根据伤者情况采取止血、固定、心肺复苏等相应急救措施。

（5）送伤员到医院救治或拨打"120"急救电话求救。

（6）向上级汇报高处坠落人员受伤及救治等情况。

五、注意事项

（1）对于坠落昏迷者，应采取按压人中、虎口或呼叫等措施使其保持清醒状态。

（2）解救高处伤员过程中要不断与之交流，询问伤情，防止昏迷，并对骨折部位采取固定措施。

六、联系电话

序号	部门	联系人	电话
1	医疗急救		120
2	救援报警		110
3	本单位安监部门		
4	本单位领导		

【方案二】作业人员应对突发高压触电事故现场处置方案

一、工作场所

××供电公司输电运检室生产作业现场。

二、事件特征

作业人员在电压等级 1000V 及以上的设备上工作，发生触电，造成人员伤亡。

三、现场人员应急职责

1. 现场抢救触电人员

2. 汇报触电事故情况

四、现场应急处置

1. 现场应具备条件

（1）通信工具及上级、急救部门电话号码。

（2）电工工器具、绝缘鞋、绝缘手套等安全工器具。

（3）急救箱及药品。

2. 现场应急处置程序及措施

（1）现场人员立即使触电人员脱离电源。一是立即通知有关供电单位（调度或运行值班人员）或用户停电。二是戴上绝缘手套，穿上绝缘靴，用相应电压等级的绝缘工具按顺序拉开电源开关、熔断器或将带电体移开。三是采取相关措施使保护装置动作，断开电源。

（2）如触电人员悬挂高处，现场人员应尽快解救至地面；如暂时不能解救至地面，应考虑相关防坠落措施，并向消防部门求救。

（3）根据触电人员受伤情况，采取止血、固定、人工呼吸、心肺复苏等相应急救措施。

（4）如触电者衣服被电弧光引燃时，应利用衣服、湿毛巾等迅速扑灭其身上的火源，着火者切忌跑动，必要时可就地躺下翻滚，使火扑灭。

（5）现场人员将触电人员送往医院救治或拨打"120"急救电话求救。

（6）向上级汇报触电人员受伤及抢救情况。

五、注意事项

（1）严禁直接用手、金属及潮湿的物体接触触电人员。

（2）救护人在救护过程中要注意自身和被救者与附近带电体之间的安全距离（高压设备接地时，室内安全距离为 4m，室外安全距离为 8m），防止再次触及带电设备或跨步电压触电。

（3）解救高处伤员过程中要询问伤员伤情，并对骨折部位采取固定措施。

（4）在医务人员未接替救治前，不应放弃现场抢救。

六、联系电话

序号	部门	联系人	电话
1	医疗急救		120
2	救援报警		110
3	本单位安监部门		
4	本单位领导		

【方案三】作业人员应对突发物体打击现场处置方案

一、工作场所

××供电公司输电运检室生产、基建作业现场。

二、事件特征

生产、基建作业现场发生倒杆塔、断线、高处落物、杆塔失控、导线失控事件，造成人员伤亡和设施损坏。

三、现场人员应急职责

1. 工作负责人

（1）指挥现场应急处置工作。

（2）组织抢救伤员。

（3）拨打"120"急救电话向医疗机构求助。

（4）向分局主管领导汇报。

2. 工作班人员

（1）协助工作负责人开展现场处置。

（2）抢救伤员，保护现场。

四、现场应急处置

1. 现场应具备条件

（1）具备通信工具及有关通讯录。

（2）急救箱及药品。

（3）应急照明器具。

（4）作业使用的工器具。

2. 现场应急处置程序

（1）立即对伤员进行施救。

（2）查看和了解现场情况。

（3）根据现场情况拨打报警电话。

（4）将事件信息报告分局主管领导。

3. 现场应急处置措施

（1）作业人员受伤在高处或悬挂在高处时，尽快使用绳索或其他工具将伤者营救至地面，然后根据伤情进行现场抢救。

（2）一般伤口的处置急救措施：伤口不深的外出血症状，先用双氧水将创口的污物进行清洗，再用酒精消毒（无双氧水、酒精等消毒液时可用瓶装水冲洗伤口污物），伤口清洗干净后用砂布包扎止血。出血较严重者用多层砂布加压包扎止血，然后立即拨打"120"急救电话送往医院进行进一步救治。

（3）骨折急救措施：

1）对清醒伤员应询问其自我感觉情况及疼痛部位，切勿随意搬动伤员。在检查时，切忌让患者坐起或使其身体扭曲，也不能让伤员做身体各个方向的活动。

2）对有脊椎骨折移位导致出现脊髓受压症状的伤员，如伤员不在危险区域，暂无生命危险的，最好待医务急救人员进行搬运。

3）对有手足大骨骨折的伤员，不要盲目搬动，应先在骨折部位用木板条或竹板片（竹棍甚至钢筋条）于骨折位置的上、下关节处作临时固定，使断端不再移位或刺伤肌肉、神经或血管，然后立即拨打"120"急救电话送往医院接受救治。

4）如有骨折断端外露在皮肤外的，切勿强行将骨折断端按压进皮肤下面，只能用干净的砂布覆盖好伤口，固定好骨折上下关节部位，然后拨打"120"等待救援。

（4）颅脑外伤急救措施：

1）颅脑损伤的病员有昏迷者，首先必须维持呼吸道通畅。昏迷伤员应侧卧位或仰卧偏头，以防舌根下坠或分泌物、呕吐物吸入气管，发生气道阻塞。对烦躁不安者可因地制宜的予以手足约束，以防止伤及开放伤口。

2）对于有颅骨凹陷性骨折的伤员，创伤处应用消毒的纱布覆盖伤口，用绷带或布条包扎后，然后立即拨打"120"急救电话送往医院接受救治。

（5）拨打"120"急救电话时，说清楚事件发生的具体地址和伤员情况，安排人员接应救护车，保证抢救及时。

（6）及时向各单位主管领导汇报人员受伤抢救情况。

（7）协助专业救护人员进行现场救治，安排人员陪同前往医院抢救。

五、注意事项

（1）对受伤在高处或悬挂在高处的人员，施救过程中要防止被救和施救人员出现高坠。

（2）在伤员救治和转移过程中，防止加重伤情。

（3）在医务人员未接替救治前，不应放弃现场抢救。

（4）施救过程中，应尽可能保护好现场。

六、联系电话

序号	部门	联系人	电话
1	医疗急救		120
2	救援报警		110
3	本单位安监部门		
4	本单位领导		

【方案四】作业人员应对动物（犬）袭击事件现场处置方案

一、工作场所

××供电公司输电运检室外出作业过程中。

二、事件特征

工作人员在外出作业过程中，遭遇动物（犬）袭击。

三、现场人员应急职责

1. 现场自救

2. 汇报事件情况

四、现场应急处置

1. 现场应具备条件

（1）棍棒或棒状工具。

（2）通信工具及上级、急救部门电话号码。

（3）急救药品。

2. 现场应急处置程序及措施

（1）大声呼救、使用棍棒或棒状工具驱赶袭击动物（犬）。

（2）若被动物（犬）咬伤，应利用携带的急救药品进行救治。

（3）送伤员到医院救治或拨打"120"急救电话求救。单人巡视向路人求助或自行拨打"120"求救，并汇报上级求援。

（4）向上级汇报人员受伤及救治等情况。

五、注意事项

（1）驱赶袭击动物（犬）过程中，应做好自我防护，防止受到伤害。

（2）被动物（犬）咬伤后应尽早注射狂犬疫苗。

六、联系电话

序号	部门	联系人	电话
1	医疗急救		120
2	本单位安监部门		
3	本单位领导		

【方案五】作业人员应对突发落水事件现场处置方案

一、工作场所

××供电公司输电运检室××作业途中或作业现场。

二、事件特征

作业人员在前往作业途中或在作业现场，发生人员意外落水（或溺水），可能造成呼吸受阻、窒息和心跳停止。

三、现场人员应急职责

（1）抢救落水（溺水）人员。

（2）汇报事故情况。

四、现场应急处置

1. 现场应具备条件

（1）救生衣或救生圈等水上救生器材。

（2）通信工具及上级、急救部门电话号码。

（3）急救药品。

2. 现场应急处置程序及措施

（1）发现有人落水，现场人员大声呼救，寻求周围人员救助，并立即按照"先近后远，先水面后水下"的顺序进行施救。

（2）若施救人员距离落水者较近，可向落水者抛掷救生衣、救生圈，或投入木板、长杆等漂浮物，让落水者抓住漂浮水面并尽快上岸。

（3）若施救人员距离落水者较远或落水（或溺水）者无力气时，救援人员在保证自身安全的前提下，将救生衣或救生圈送至落水者，将落水（或溺水）者从水中救上岸。

（4）施救困难时拨打"120""110"报警求救。

（5）溺水者上岸后立即检查并清除其口、鼻腔内的水、泥及污物；溺水者若呼吸或心跳停止，应立即进行心肺复苏抢救，并送往医院救治。

（6）将事件发生的时间、地点、落水（或溺水）和失踪人数及采取救治措施等情况汇报上级。

五、注意事项

（1）下水施救人员应具有一定的救生能力，不得盲目下水施救，应在保证自身安全的前提下采取合理的救助方法。

（2）气温较低时，在下水前应做好身体活动准备，防止肌肉痉挛。

（3）在抢救溺水者时不应因"倒水"而延误抢救时间，更不应仅"倒水"而不用心肺复苏法进行抢救。

六、联系电话

序号	部门	联系人	电话
1	医疗急救		120
2	救援报警		110
3	本单位安监部门		
4	本单位领导		

【方案六】工作人员应对突发交通事故现场处置方案

一、工作场所

××供电公司输电运检室工作车辆行驶途中。

二、事件特征

工作车辆在行驶途中发生交通事故，车辆受损、人员伤亡。

三、现场人员应急职责

1. 驾驶员

（1）采取防次生事故措施。

（2）组织营救伤员，向有关部门报警。

（3）汇报本单位，并保护现场。

2. 乘坐人员

（1）协助现场处置。

（2）当驾驶员伤亡时，履行驾驶员职责。

四、现场应急处置

1. 现场应具备条件

（1）通信工具，上级及公安消防部门电话号码。

（2）照明工具、灭火器、千斤顶、安全警示标志等工器具。

（3）急救箱及药品。

2. 现场应急处置程序及措施

（1）发生交通事故后，驾驶员立即停车，拉紧手制动，切断电源，开启双闪警示灯，在车后 50～100m 处设置危险警告标志，夜间还需开启示廓灯和尾灯；组织车上人员疏散到路外安全地点。

（2）检查人员伤亡和车辆损坏情况，利用车辆携带工具解救受困人员，转移至安全地点；解救困难或人员受伤时向公安、急救部门报警求助。

（3）现场抢救伤员，根据伤情采取止血、固定、预防休克等急救措施进行救治。

（4）事故造成车辆着火时，应立即救火，并做好预防爆炸的安全措施。

（5）驾驶员将事故发生的时间、地点、人员伤亡等情况汇报本单位。

五、注意事项

（1）在伤员救治和转移过程中，采取固定等措施，防止伤情加重。

（2）发生交通事故时要保持冷静，记录肇事车辆、肇事司机等信息，保护好事故现场，并用手机、相机等设备对现场拍照，依法合规配合做好事件处理。

（3）在无过往车辆或救护车的情况下，可以动用肇事车辆运送伤员到医院救治，但要做好标记，并留人看护现场。

六、联系电话

序号	部门	联系人	电话
1	医疗急救		120
2	救援报警		110
3	本单位安监部门		
4	本单位领导		